살려 줘!

추천사

한국과 미국을 통틀어 꿀벌 실종의 원인을 이토록 과학적으로, 쉽고 재미있게 설명한 책을 본 적이 있는지! 자녀와 부모가 함께 읽고 의견을 나누기 정말 좋을 뿐더러, 우리 모두가 알아야 할 과학 이슈를 다루고 있다. 세상에 없던 멋진 책이 나왔다.

이상빈_미국 캘리포니아대학 교수

꿀벌 사건의 원인을 찾아가는 과정을 구체적으로, 그러나 어렵지 않고 흥미롭게 설명해 나간다. 저명한 꿀벌 연구가의 통찰이 엿보이는 책이다.

조윤상_농림축산검역본부 바이러스질병과 과장

네 명의 아이를 키우는 아빠로서, 곤충 DNA를 연구하는 동료 학자로서, 우리 아이들이 이 책을 읽을 수 있다는 것이 큰 행운이다. 논문이 아닌 어린이 책으로 과학자들의 실제 연구를 엿볼 기회는 흔하지 않다. 과학자 아빠가 들려주는 진짜 과학 이야기가 궁금하다면 지금 바로 이 책을 펼쳐라!

김주일_강원대학교 식물의학전공 교수

꿀벌 실종 사건이 과학계를 뒤흔들고 있다. 이 책은 사건 해결의 최전선에 서 있는 김영호 교수가 사랑하는 아들의 눈높이에 맞춰 쓴 따뜻한 과학책이다. 곤충 DNA 전문가의 지식을 이보다 더 이해하기 쉽게 담아낸 책은 없을 것이다.

이시혁_서울대학교 응용생물화학부 교수, 전 한국응용곤충학회 회장

꿀벌 실종이 얼마나 심각한 일이면 아인슈타인이 하지도 않은 말을 지어내며 경고를 할까? 우리가 이 사건에 관심을 두지 않고 계속 무시한다면 언젠가는 세종대왕의 말까지 지어낼지 모른다. '나랏말싸미 꿀벌이 사라지면 무시무시한 일이….' 그만큼 중요한 꿀벌 이야기를 어린이에게도 전하고자 눈높이를 맞추고 이끌어 가는 방식이 놀라울 따름이다. 그런 의미에서 김영호 교수님은 진정한 '과학 커뮤니케이터'이다.

갈로아_《만화로 배우는 곤충의 진화》 저자

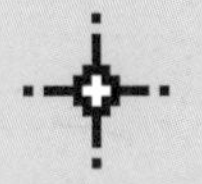

지금도 연구를 이어 가고 있는 과학자들의 피땀 어린 노력을 다음 세대에 전하는 멋진 책이다. 다양한 연구 분야를 아우르며 어린이들을 과학의 세계로 친절히 안내한다. 내일의 과학 세대를 이어 갈 어린이는 물론, 꿀벌 전문가들도 필독할 만한 가치가 충분하다.

한상미_국립농업과학원 양봉생태과 과장, 한국양봉학회 회장

윙윙~ 흥미진진한 꿀벌 실종 사건을 추적하며 과학의 핵심 개념과 과학자처럼 생각하는 법을 자연스레 이해하게 하는 책이다. 특히 꿀벌이 사라지는 이유가 단 하나가 아니라는 점을 일깨워 삶의 다양한 문제를 다원적 관점에서 살피는 눈을 틔워 준다. 환경과 생명 과학에 관심 있는 어린이뿐 아니라, 과학적 사고력이나 탐구 능력을 키우기 위한 수업을 꾸리는 교사들에게도 이 책을 강력히 추천한다!

이혜선_서울 원효초등학교 교사, 서울교육대학교 강사

꿀벌 전문가다운 예리한 통찰력으로 전 세계의 소식을 그러모아 미래의 주인공인 어린이들에게 전했다. 강력한 공감을 불러일으키는 힘을 지닌 의미 있는 과학책이다.

박계청_뉴질랜드 식물식품 연구소(PFR) 박사

아빠가 나에게 들려줬던 사라진 꿀벌 이야기가 그대로 담겨 있다. 이 책을 읽다 보면 꿀벌 응애의 공격으로 고통받는 꿀벌의 모습이 무척 안타깝게 느껴진다. 그리고 대체 무엇 때문에 꿀벌이 사라졌는지 궁금한 마음이 솟구쳐 계속 책장을 넘기게 된다. 나처럼 과학자가 되고 싶은 친구들에게 강력히 추천한다.

김의인_ 뉴질랜드 투오라 펜돌턴 스쿨 6학년

동료로 일하며 곁에서 지켜본 김영호 교수의 따스하고 부드러운 성품이 군데군데 묻어나 있다. 아들을 사랑하는 따뜻한 마음과 꿀벌이 실종된 현상을 마주하는 예리한 과학자적 시선을 동시에 느낄 수 있는 매력적인 책이다.

박종균_경북대학교 곤충생명과학과 교수, 전 한국응용곤충학회 회장

글 김영호

서울대학교에서 곤충학으로 박사 학위를 받았어요. 서울대학교 연구 교수, 미국 캔자스주립대학교 곤충학과 선임 연구원을 거쳐 현재 경북대학교 곤충생명과학과에서 학생들을 가르치고 있습니다. 곤충 DNA 전문가로서 돌연변이 DNA와 살충제의 관계, 곤충의 바이러스 감염, 스트레스에 반응하는 유전자 등을 연구해요. 한국응용곤충학회 학술 위원, 한국양봉학회 학술 위원장으로 있으며 미국곤충학회에서도 활동하고 있어요. 국립농업과학원의 양봉 분야 명예 연구관으로도 즐겁게 일하고 있습니다. 특별히 농림축산식품부에서 주관하는 양봉산업 협의체의 전문 위원으로서 꿀벌 실종 사건을 해결하고자 노력하고 있습니다. 《꿀벌이 멸종할까 봐》는 처음으로 쓴 어린이 책입니다.

그림 이수현

대학에서 애니메이션을 전공했고, 그림책 작가와 일러스트레이터로 활동하고 있습니다. 따뜻하고 유쾌한 그림으로 어린이의 상상력을 자극하는 것을 좋아합니다. 쓰고 그린 책으로는 《우주 택배》, 《해파리 버스》가 있으며, 그린 책으로는 《수박 행성》, 《그때, 상처 속에서는》, 《진짜 어른이 되는 법》, 《판타스틱 반찬 특공대》, 《진짜 범인은 바로 나야!》, 《퐁퐁 팡팡! 빗방울 놀이공원》 등이 있습니다.

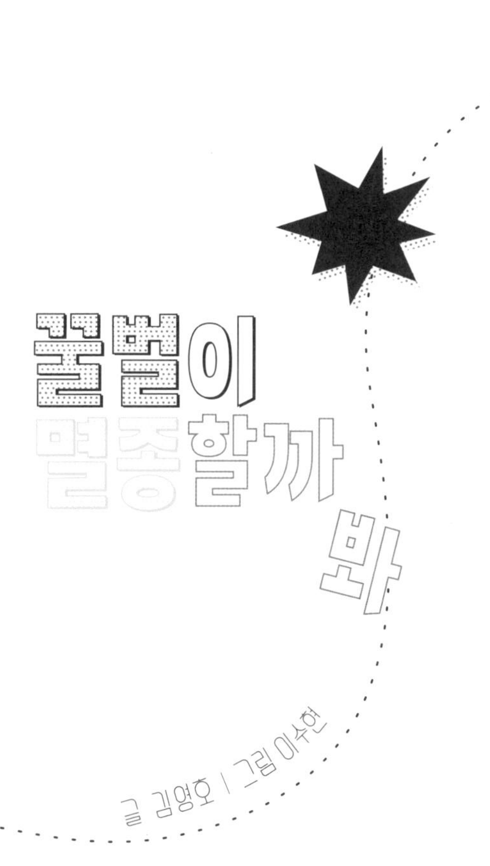

꿀벌이 멸종할까 봐

글 김영호 / 그림 이수현

위즈덤하우스

□ 머리말 4

□ 사건 파일 꿀벌 실종 사건

꿀벌이 대체 얼마나 사라진 걸까? 14
우리나라 꿀벌만 사라진 게 아니야! 20
꿀벌이 사라진 게 왜 문제냐고? 22
꿀벌 DNA로 사건의 진실을 밝힌다! 28
DNA 수사에 꼭 필요한 PCR 검사 32

□ 첫 번째 용의자 질병 유발 삼총사

잡았다! 꿀벌 속 질병 바이러스 40
어떤 바이러스들이 꿀벌을 괴롭혔을까? 42
바이러스만이 아니라 세균과 곰팡이까지?! 47
꿀벌은 어떻게 병균에 감염되는 걸까? 52
바이러스, 어디까지 퍼져 봤니? 56

□ 두 번째 용의자 불법 침입자 꿀벌 응애

꿀벌 응애, 넌 누구냐! 62
꿀벌 응애로 인한 스트레스, DNA로 밝혀 줄게 67
생명체의 모든 정보를 담은 설계도, DNA 70
꿀벌 응애가 데려온 또 다른 불청객 79
살충제로 꿀벌 응애를 처리하면 어떨까? 82
살충제가 통하지 않는 돌연변이가 나타났어! 86
슈퍼 울트라 파워 응애에게 고통받는 꿀벌 89

ㅁ 세 번째 용의자 조용한 킬러, 살충제

살충제 세상에 살고 있는 꿀벌 94
꿀벌이 살충제에 노출되는 과정 96
꿀벌의 보금자리까지 들어온 살충제 101
살충제 때문에 꿀벌이 이상해졌어! 103
유력하지만 유일한 용의자는 아니야! 120

ㅁ 마지막 용의자 최종 보스, 기후 변화

심각한 위기로 다가온 기후 변화 126
지금은 겨울일까? 꿀벌은 헷갈려 130
계절의 변화를 알아채도록 하는 DNA도 있을까? 134
토종 말벌을 밀어내고 등장한 새로운 천적 140
꿀벌을 괴롭히는 질병의 위험이 커지다 143
기후 변화로 바뀌어 버린 터전과 먹이 146

ㅁ 사건 정리 파일 꿀벌 실종 사건의 결론

꿀벌 실종 사건의 진짜 범인은 누구일까? 154

ㅁ 작가의 말 160

머리말

꿀벌이 사라지면 인류는 3년 안에 멸망한다

혹시 이런 무시무시한 이야기를 들어 본 적 있니? 이 말에는 꿀벌이 사라지는 일이 꿀벌만의 문제가 아니라 전 인류에 영향을 준다는 의미가 담겨 있어. 꿀벌처럼 작은 곤충이 사라진다고 인류가 망한다니, 너무 과장된 이야기 아니냐고? 과연 그럴까? 이런 말이 떠돌기 시작한 이유는 뭘 것 같아? 맞아. 진짜로 꿀벌이 사라지고 있기 때문이야.

먼저 내 소개를 해야겠구나. 나는 꿀벌을 연구하는 과학자란다. 대학교에서 꿀벌을 연구하며 가르치는 교수이기도 하지. 그중에서도 특히 곤충의 DNA에 집중해서 다양한 연구를 하고 있어. 편하게 박사님이라고 불러 주렴.

그런데 최근 충격적인 사건이 일어났어. 전국 곳곳에서 수많은 꿀벌들이 흔적도 없이 사라진 거야.

정부에서도 이 사건을 심각하게 받아들이고 해결하기 위해 꿀벌 전문가들을 한 자리에 불러 모았어. 박사님도 다른 과학자들과 함께 머리를 맞대며 사라진 꿀벌을 찾기 위해 나섰지.

꾸준히 꿀벌을 연구해 온 과학자들도 이 꿀벌 실종 사건은 믿기 힘들었어. 도대체 꿀벌은 왜 사라진 걸까? 어떻게 아무런 흔적도 남지 않았지? 누가 꿀벌을 데려간 건 아닐까? 이러다 꿀벌이 모조리 사라지는 건 아닐까? 이 질문에 답하기 위해 우리는 먼저 꿀벌이 사라진 현장에 가 볼 거야. 사건 현장에는 늘 단서가 남는 법이니까. 컵에 찍힌 지문이나 바닥에 남은 발자국을 비롯해 머리카락 속 DNA는 범인을 찾는 결정적인 단서가 될 수 있어. 꿀벌에게 지문이나

머리카락은 없지만, DNA는 있거든. 그러니 이 DNA를 파헤쳐 보면 이번 실종 사건의 범인을 찾아낼 수 있을지도 몰라.

DNA라니 너무 어려워 보인다고? 걱정하지 마. 함께 사라진 꿀벌의 뒤를 좇다 보면 어느새 곤충 DNA 세계에 푹 빠지게 될 테니까. DNA에는 수많은 정보가 담겨 있어. 곤충들이 왜 특정한 행동을 하는지, 어떤 병에 걸렸는지, 얼마나 스트레스를 받는지까지 모두 알아낼 수 있단다. 말 못하는 곤충의 마음을 DNA로 들여다볼 수 있는 거지. 이 DNA 세계를 알아 가다 보면 자연의 질서를 존중하는 마음마저 저절로 생겨날 거야.

우리가 살펴볼 꿀벌 실종 사건은 꾸며 낸 이야기도, 예시도 아니야. 지금도 일어나고 있는 실제 사건이지. 이 책을 통해 네가 생생한 현장감을 느끼면 좋겠구나. 우리나라를 비롯해 전 세계 과학자들이 어떻게 생각하고, 연구하고, 의미를 찾아가는지 말이야.

자, 이제 꿀벌 실종 사건의 진실을 파헤쳐 볼 준비가 됐니? 이 책장을 넘기는 순간, 네가 흰 실험복을 입은 과학자라고 상상해 봐. 또는 꿀벌이 되었다고 생각하고 왜 사라질 수밖에 없었는지 짐작해 보는 것도 재미있겠지. 우리 앞에 주어진 미션은 꿀벌이 사라진 이유를 밝혀내는 거야. 네 머리 안에서 꿀벌을 구할 수 있는 멋진 아이디어가 윙윙거리기를 기대할게.

전라남도 땅끝에서 40여 년 동안 꿀벌을 키워 온 만식 할아버지는 올해도 새봄맞이를 앞두고 마음이 바빴어. 겨울 동안 벌통에서 지낸 꿀벌들을 깨워야 하거든. 향긋한 꽃 내음을 맡으며 꿀벌을 만나러 가는 할아버지의 입가에는 미소가 떠나질 않았어.

양봉장에 도착한 만식 할아버지는 겨울을 이겨 낸 꿀벌들이 옹기종기 모여 있을 모습을 기대하며 조심스럽게 벌통을 열었어.

글쎄, 벌통에 꿀벌이 한 마리도 없는 거야. 분명히 지난가을에는 벌통마다 꿀벌이 가득했고, 겨우내 먹을 먹이도 가득 넣어 주었는데 어찌 된 일일까?

만식 할아버지 양봉장에는 500여 통의 벌통이 있었는데, 그중에 무려 350통 정도에서 꿀벌이 흔적도 없이 사라져 버렸어. 소식을 듣고 현장으로 달려간 박사님도 충격에 빠지긴 마찬가지였어.

봄이 오면 시끌벅적하게 뛰어노는 아이들처럼 꿀벌들도 날개를 펴고 붕붕 날아다녀야 하는데, 만식 할아버지의 양봉장은 너무나 조용해서 마치 '침묵의 봄' 같았어. 그런데 꿀벌이 사라진 건 이곳만이 아니었어.

처음에는 남쪽 지방에서만 들어오던 실종 신고가 이내 북쪽까지 퍼지더니 전국 곳곳에서 꿀벌이 사라졌다는 신고가 쏟아져 들어오기 시작했어.

PHOTOS

꿀벌을 찾습니다!

실종 장소 : 지리산

FILES

GO!

실종
꼭 사례하겠습니다
실종 장소 : 제주도

목격자 제보 바람!
실종 장소 : 경기도
실종

꿀벌 실종 사건

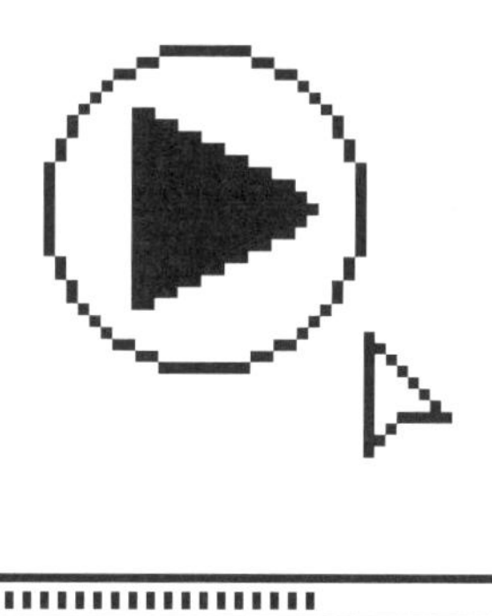

꿀벌이 대체 얼마나 사라진 걸까?

만식 할아버지의 양봉장뿐만 아니라 전국적으로 꿀벌이 사라진 이 미스터리한 사건의 원인을 밝혀내려면, 우선 꿀벌이 얼마나 사라졌는지 알아야 해. 규모에 따라 그 심각성도 달라지니까 말이야. 우리나라 꿀벌들이 몽땅 사라졌냐고? 다행히도 모든 꿀벌이 사라진 것은 아니야. 그럼, 얼마나 사라졌을까? 그리고 그것을 어떻게 파악할 수 있을까? 너라면 꿀벌이 얼마나 사라졌는지 어떻게 살펴볼 것 같니?

꿀벌이 사라졌다는 신고자에게 '꿀벌들이 얼마나 사라졌나요?'라고 물었다고 해 보자. 소나 돼지 같은 동물이라면 '몇 마리가 사라졌어요.'라고 대답할 수 있겠지만, 꿀벌은 정확히 몇 마리인지 세기가 쉽지 않아. 크기도 작고, 수시로 번식을 해서 많은 무리가 군집을 이루니 그럴 수밖에. 그래서 어떤 벌통에는 수천 마리의 꿀벌이, 또 어떤 벌통에는 수만 마리의 꿀벌이 있을 수도 있어. 벌통마다 꿀벌의 수가 다르기 때문에 빈 벌통의 수를 센다고 해도 사라진 꿀벌의 수를 계산하기는 쉽지 않은 거지.

그래도 그냥 벌통 수로 파악하면 안 되냐고? 그래, 대충 측정할 때는 그렇게 하기도 해. 그런데 이것도 그리 단순한 계산법은 아니란다. 만약 벌통 안에 벌이 만 마리가 있었는데, 겨울을 보낸 후 9000마리가 사라지고 천 마리만 살아남아서 봄을 준비하고 있다면, 이 벌통은 꿀벌이 사라진 벌통이라고 해야 할까? 또 양봉 농가에서는 봄이 되면 벌통을 열어 보고, 만약 그 안에 꿀벌의 수가 너무 적으면 여러 벌통을 하나의 벌통으로 합치기도 해. 이 경우에는 두 벌통을 하나로 합쳤으니, 한 통이 사라졌다고 해도 될까? 그렇게 합친 벌통의 꿀벌을 농부가 열심히 키워 수를 늘리면 또 다시 두 통으로 나누기도 하는데, 그럴 경우에는 사라진 벌의 수를 어떻게 계산하는 것이 맞을까? 머리가 복잡하지? 과학자들도 이런 사건을 마주했을 때, 어떤 기준으로 파악할지 결정하는 게 결코 쉽지 않단다.

꿀벌이 얼마나 사라졌는지 파악하기 위해 먼저 고려해야 하는 건 겨울철을 지나면서 자연적으로 죽는 꿀벌의 수야. 꿀벌이 어떻게 죽느냐고? 잠시 벌집 안을 들여다보자. 하나의 벌집 안에는 한 마리의 여왕벌이 있어. 여왕벌은 보통 하루에 2~3천 개의 알을 낳지. 그래서 벌집 안은 알과 알에서 깨어난 애벌레와 번데기, 또 애벌레를 먹이기 위해 일벌들이 수집해 온 꿀과 꽃가루가 가득해.

네가 그랬듯 사람은 보통 엄마 배 속에서 10개월 동안 지내다가 태어나. 그런데 꿀벌은 알 안에 고작 3일 정도만 있다가 태어난단다. 초고속 출생이지? 자라는 것도 빨라. 알에서 깨어나 5일 동안 애벌레로 있다가 번데기로 변하고, 8일 후에는 어른벌레로 자라 일벌이 돼. 일벌은 3개월 정도 살면서 주어진 역할에 따라 청소를 하고, 여왕벌에게 줄 로열 젤리를 만들고, 밀랍으로 집을 짓기도 해. 나이 많은 일벌들은 꿀과 꽃가루를 모으러 열심히 날아다니다가 3개월쯤 지나면 수명을 다해.

늙어 죽는 벌들이 있는가 하면 또 새로 태어나는 벌들도 있겠지? 봄부터 가을까지는 여왕벌이 알을 새로 낳아 벌들이 계속 태어나니까 벌집 안의 꿀벌 수는 크게 줄지 않아.

일벌

그런데 겨울엔 일벌들이 밖에 나가서 꿀을 따 올 수가 없으니 애벌레들에게 줄 먹이가 부족하겠지? 이러한 자연의 법칙에 따라 겨울 동안에는 여왕벌이 알을 낳지 않아. 그 말은 겨울철에는 새로 태어나는 벌은 없고 늙어서 죽는 벌만 늘어난다는 거지. 그렇기 때문에 실종 사건이 아니더라도 봄에 벌통을 열어 보면 전체 꿀벌의 수는 줄어 있을 수밖에 없어. 겨울을 보내고 나면 보통 꿀벌의 수가 15~20퍼센트 정도 줄어든다고 해. 그러니까 실종된 꿀벌의 수를 밝히려면 자연적으로 감소한 15~20퍼센트는 빼고 생각해야겠지. 우리가 파악하려는 건 겨울철에 자연적으로 죽는 꿀벌의 수가 아니라 비정상적으로 많이 줄어든 꿀벌의 수니까 말이야.

그럼 지금부터 꿀벌이 집단적으로 사라지는 이런 비정상적인 현상을 **'꿀벌 실종 사건'**이라고 부르기로 하자.

과학자들은 가을철 벌통에 있던 꿀벌의 수와 봄철 꿀벌의 수를 조사하여 겨울 동안 자연적으로 줄어든 15~20퍼센트를 빼고 얼마나 많은 꿀벌들이 사라졌는지를 측정하고 있어.

어떤 기관에서는 꿀벌을 키우느라 매일 지켜보는 양봉가들에게 꿀벌이 얼마나 사라졌는지 묻고 그 수를 조사하기도 해. 또 다른 기관에서는 매년 봄에 양봉가들이 구매하는 꿀벌 사료의 판매량이 얼마나 줄었는지를 보고 사라진 꿀벌의 수를 가늠하기도 하지. 꿀벌의 수가 줄어들면 그만큼 꿀벌 사료를 적게 먹을 것이라는 논리야.

지난해 꿀벌 사료

올해 꿀벌 사료

우리나라의 꿀벌 실종 사건은 겨울철에 주로 나타나기 때문에 다음 실종 사건이 일어나는 데까지는 1년이라는 긴 시간이 걸려. 꿀벌 실종 신고가 많이 들어오기 시작한 최근 3년 동안 단 세 번밖에 겨울을 지나지 않아서 아직까지는 사라진 꿀벌의 규모를 정확히 밝히긴 이르지만, 다양한 조사 결과를 볼 때, 꿀벌이 비정상적으로 많이 사라지고 있다는 것은 틀림없는 사실이야.

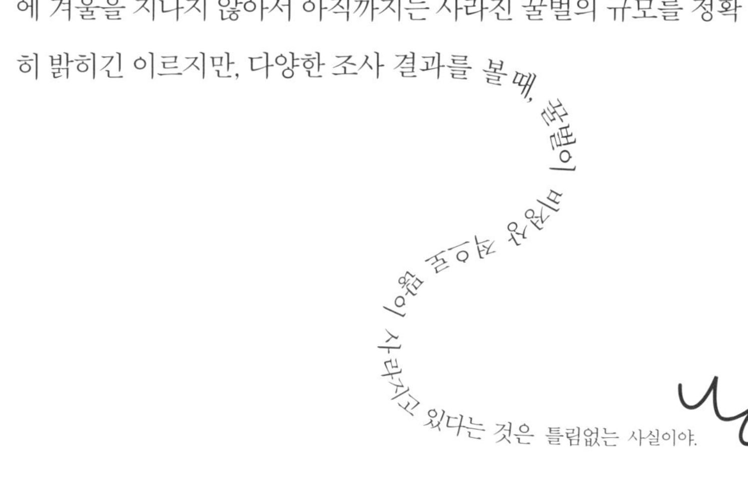

우리나라 꿀벌만 사라진 게 아니야!

꿀벌이 사라진 건 우리나라만의 일이 아니었어! 이번 사건을 조사하기 위해 관련된 전 세계 연구를 살펴보니 사태가 아주 심각했던 거야. 우리나라에서는 꿀벌 실종 사건이 최근에 일어났지만 비슷한 사건이 이미 세계 곳곳에서 일어나고 있었거든. 2006년에는 미국 펜실베이니아에서 꿀벌이 갑자기 자취를 감췄는데, 그 후 2년 동안 미국의 벌 25~40퍼센트가 사라졌지. 포르투갈, 스페인, 프랑스, 독일, 이탈리아, 그리스, 폴란드 등 유럽 국가들에서도 미국과 유사한 꿀벌 실종 사건이 보고되었어.

보고서에 따르면, 꽃과 꽃가루를 채집하러 나간 일벌들이 집으로 돌아오지 않아서 벌집에 남아 있던 여왕벌과 애벌레가 굶어 죽고 말았대. 이렇게 여왕벌이 죽으면 벌집이 완전히 붕괴되어 버려. 과학자들은 미국과 유럽에서 나타난 것처럼 일벌들이 갑자기 사라져 여왕벌과 애벌레가 굶어 죽고, 끝내 벌집의 벌들이 모두 사라져 버리는 현상을 'CCD (Colony Collapse Disorder, 꿀벌 집단 붕괴 현상)'라고 부르기로 했어.

그런데 외국에서 나타난 CCD와 우리나라의 꿀벌 실종 사건을 자세히 비교해 보면, 꿀벌들이 집단으로 사라진다는 점은 같지만 조금 차이가 있어. CCD의 경우에는 일벌들이 사라지면서 여왕벌과 함께 굶어 죽은 새끼 꿀벌들의 시체가 벌통에서 발견되었어. 반면 한국에서는 일벌과 여왕벌을 비롯한 모든 꿀벌들이 흔적도 없이 사라진 거야. 그리고 CCD는 봄부터 가을 동안 주로 발생했지만, 우리나라에서는 봄부터 가을까지는 멀쩡하던 벌들이 겨울을 보낸 후 이듬해 봄에 사라진다는 것도 다른 점이지. 그래서 우리나라 과학자들은 한국에서 일어나는 이 현상을 CCD라고 부르지 않고 '월동 폐사 현상'이라고 부르기로 했단다. 그 이름을 뭐라고 하든지 중요한 사실은 꿀벌 실종이 우리나라만의 일이 아니고 전 세계적인 문제라는 거야.

꿀벌이 사라진 게 왜 문제냐고?

꿀벌이 사라지면 우리에게 무슨 문제가 생길까? 달콤한 꿀을 못 먹으니 문제일까? 그럴지도 모르지. 혹시 너도 우리 아들처럼 '나는 꿀을 안 좋아하니까 별로 상관없어.'라고 생각한다면 생각을 좀 더 넓혀야 할 거야.

너도 알다시피, 꿀벌은 몸에 좋고 달콤한 꿀을 생산하는 자연 공장이라고 할 수 있어. 한때 아이스크림에 올려 먹는 게 유행이었던 밀랍도 만들어 주고, 몸에 좋은 성분들로 가득한 로열 젤리도 만들어 내지. 그런데 사실 이런 것들은 없으면 안 먹어도 되는 것들이잖아? 꿀벌이 하는 더 중요한 일은 따로 있단다.

혹시 꿀벌을 자세히 본 적 있니? 꿀벌의 몸에는 복슬복슬한 털이 나 있어. 꽃이 달콤한 향기로 꿀벌을 유혹하면, 꿀벌은 꽃으로 날아가 꿀을 따는데, 그때 꿀벌의 복슬복슬한 몸에 꽃가루(화분)가 묻어. 불꽃을 멍하게 쳐다보며 시간을 보내는 걸 '불멍'이라고 한다지? 박사님은 불멍이 아니라 벌멍을 할 때가 가끔 있는데, 몸에 꽃가루를 잔뜩 묻힌 꿀벌들을 보고 있으면 웃음이 절로 나. 꿀 향기에 취해 이 꽃 저 꽃 날아다니는 꿀벌의 다리가 노란 장화를 신은

꽃가루 옮기는 꿀벌

것처럼 보이기도 해. 꿀벌의 세 번째 다리에는 넓게 움푹 팬 꽃가루 바구니가 있는데, 꿀벌은 이 바구니에 꽃가루를 모아서 집으로 가지고 가. 꽃가루를 너무 많이 챙겨서 다리가 무거워진 바람에 뒤뚱뒤뚱 나는 꿀벌도 있어. 날아가다 중심을 잃고 벽에 퍽퍽 부딪히기도 하고, 반대쪽에서 날아오는 꿀벌이랑 박치기를 할 때도 있지. 실제로 보면 꽤나 귀엽단다.

이 얘기가 왜 나왔냐고? 꿀벌이 하는 아주 중요한 일이거든. 동물은 암컷과 수컷이 만나 새끼를 낳지? 그럼 식물은 어떻게 후손을 남길까? 식물도 열매를 맺으려면 암수가 만나 수정이란 걸 해야 해. 식물은 동물처럼 두 다리로 직접 움직일 수 없는데 어떻게 암수가 만날 수 있을까? 바로 꿀벌이 사랑의 우체부가 되어 주는 거야. 이 꽃 저 꽃 날아다니며 꿀벌은 수꽃에서 묻혀 온 꽃가루를 암꽃으로 옮겨 줘. 그러고서 꽃이 수정을 하면 열매를 맺는 거야.

꽃가루를 옮겨 줄 꿀벌이 사라지니, 꿀벌을 통해 수정을 하던 식물의 열매도 사라지겠지. 부분적으로는 사람이 인공 수정을 해 줄 수도 있겠지만, 자연적으로 이뤄져야 하는 대부분의 수정은 힘들어질 거야. 꿀벌이 없으면 수정이 안 되는 식물이 얼마나 되겠냐고? 아마 네가 상상하는 것보다 훨씬 많을 거야.

유엔식량농업기구(FAO)에 따르면 전 세계 식량의 90퍼센트를 차지하는 100대 농작물 가운데 약 63퍼센트의 식물이 꿀벌의 도움을 받아야만 열매를 맺는다고 해. 이제 딸기 스무디나, 시원한 수박화채, 사과주스와 토마토케첩 등 수많은 과일과 채소들, 그리고 그것들로 만든 음식을 먹지 못할 수도 있단 얘기지. 그런 일은 먼 미래에나 일어날 것 같다고? 안심하고 싶은 마음은 이해하지만, 이미 많은 과수원에서 과일의 수정을 도와줄 꿀벌이 모자라 비싼 돈을 주고 꿀벌을 사고 있어. 심지어 꿀벌을 구하기 힘들어서 농사를 포기하는 농부들마저 있다니 그리 먼일만은 아닌 것 같지 않니?

2015년 미국에서 연구한 바에 따르면 꿀벌처럼 식물을 수정시켜 주는 곤충이 사라지면 한 해 동안 전 세계 142만 명이 식량난과 영양실조로 죽을 수 있다고 해. 꿀벌이 사라지면 우리가 먹는 농작물뿐만 아니라 산과 숲, 들판, 물가에 있는 야생 나무와 풀도 수정이 이루어지지 않아 야생 열매도 줄어들 것이고, 그 열매를 먹고 사는 동물들도 굶어 죽겠지. 식물과 동물이 사라지면 전 세계에 식량 위기가 닥쳐올 테고, 결코 우리 인간도 안전하진 못할 거야.

지구에서 꿀벌이 급속히 사라지고 있는 것은 사실이고, 2006년 이후로 지구 북반구 지역에 사는 벌의 4분의 1이 사라졌다고 하니, 그 심각성은 말로 표현할 수 없어. 유엔(UN)에서도 지금 같은 속도로 꿀벌이 사라지면, 2035년쯤에는 지구에서 꿀벌이 완전히 사라질 수도 있다고 경고했어. 2035년에 너는 몇 살인지 계산해 봐. 이제 그 심각성이 와닿는 것 같지?

'나비 효과'라는 말 들어 본 적 있니? 브라질에 있는 나비 한 마리의 날갯짓이 연쇄적으로 영향을 미치면 미국 텍사스에 토네이도를 일으킬 수도 있다는 말이야. 작은 사건 하나가 지구 반대편 기후에까지 커다란 영향을 미칠 수 있다는 표현이지.

그런데 박사님은 '꿀벌 효과'라는 표현을 쓰고 싶구나. 작은 꿀벌이 사라지면 농작물과 야생 식물에 영향을 주고, 먹이 사슬에도 막대한 영향이 이어져 결국 지구 생태계가 파괴되고 모두 굶어 죽을 수도 있으니 말이야. 꿀벌 효과가 몰고 올 걷잡을 수 없는 생태계 위기를 막으려면 서둘러 이번 꿀벌 실종 사건에 대한 대책을 세워야겠어.

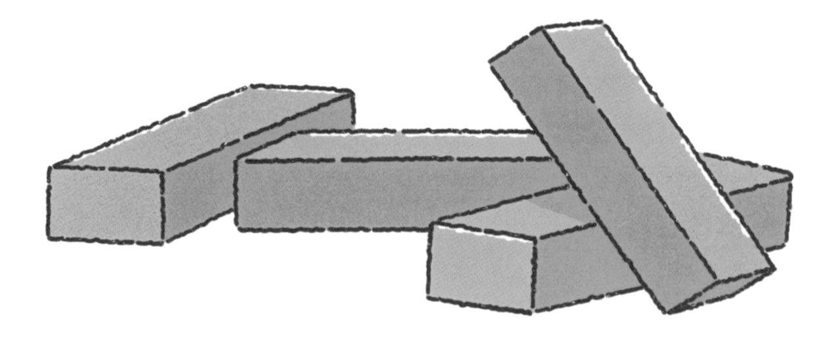

나 아니면
다 무너진다고~!

꿀벌 DNA로 사건의 진실을 밝힌다!

대체 그 많던 꿀벌들은 다 어디로 사라졌을까?

평소처럼 학교에 갔던 어떤 아이가 어느 날 갑자기 사라졌다고 해 보자. 그 아이는 어디로 간 걸까? 왜 사라진 걸까? 많은 추측을 할 수 있겠지. 그리고 추측을 뒷받침할 단서를 찾기 위해 노력할 거야. 너라면 가장 먼저 어떤 단서를 찾기 위해 애쓸 것 같아? 그래, 그 아이를 마지막으로 본 사람을 찾을 수 있겠지. 학교 근처에 설치된 CCTV를 뒤질 수도 있을 거야. 그날 아이가 만났던 사람들을 모두 만나 이야기를 들을 수도 있겠지. 아이가 가지고 있는 핸드폰의 위치 추적 장치를 추적해 볼지도 몰라.

여러 단서들을 모아 그 아이가 낯선 사람에게 유괴된 것은 아닌지, 아파서 쓰러져 있는 것은 아닌지, 단순히 길을 잃은 것인지, 아니면 새로 오픈한 PC방에 틀어박혀 게임을 하고 있는 것은 아닌지 추측해 볼 거야.

어느 날, 꽃과 벌집 사이를 하루에도 수천 번씩 오가던 꿀벌들이 사라졌어. 한 마리도 아니고 수백억 마리가 싹 사라졌지. 길을 잃는 법이 없던 꿀벌들이 어디로 갔을까? 왜 집을 다시 찾아오지 못했을까? 꿀벌들이 길을 잃은 이유에 관해서도 수많은 추측들이 나왔어. 고압 전류가 흘러서 벌들이 혼란에 빠졌다는 추측, 우리가 사용하는 휴대폰 전파가 너무 강해서 꿀벌들의 신호 체계에 혼란을 주었다는 추측, 하물며 외계인이 꿀벌들을 납치했다는 추측까지!

과학적 사실이 밝혀지기 전에는 호기심 가득한 어떤 추측도 가능해. 그러나 과학과 근거 없는 소문은 달라. 소문은 상상일 뿐이지만, 과학은 현실이어야 하거든. 아무 말을 억지로 갖다 붙이고는 맞다고 우기면 곤란하지. 가끔 말도 안 되는 소리로 우기는 친구들이 있지? 그런 친구들을 보며 답답하다고 생각했다면 넌 과학자가 될 기본을 갖추었다고 볼 수 있어. 과학적으로 말이 되려면 이제까지 밝혀진 자연의 원리에 맞는 추측만 남겨야 하고, 이미 알고 있는 과학적 사실들을 바탕으로 더 자세히 조사하고 연구해서 숨겨진 의미와 규칙을 찾아내야 해. 과학은 항상 밝혀진 사실과 연결고리가 있어야 하기 때문에 여러 자료를 찾아보고 배경지식을 갖추는 것이 매우 중요하단다. 하나의 돌 위에 다른 돌을 쌓는 느낌으로 말이야.

하나의 현상에는 매우 다양한 과학 분야가 연관되어 있어. 그중에서도 박사님은 곤충의 DNA를 연구하고 있다고 했지? 그래, 맞아. BTS의 노래에도 나오는 바로 그 DNA야. 우리는 곤충의 DNA에 집중해서 이 사건의 진실을 밝혀 볼 거야.

DNA라는 말을 한 번쯤은 들어 봤지? 그런데 DNA를 설명해 보라고 하면 어때? 분명히 들어 보긴 했지만 설명하기는 쉽지 않을 거야. 혹시 부모님한테 이런 얘기를 들은 적 없니? "대체 넌 머리에 무슨 생각이 들었니? 머릿속 좀 보고 싶구나." DNA를 공부한 다음에는 "저를 이해하고 싶으면 저에게 준 엄마 아빠의 DNA를 보시면 돼요."라고 대답할 수 있을 거야. 쉽게 말하면 "엄마 아빠 닮아서 그래요."라는 말이지. 하하하, 진짜 그렇게 말할 건 아니지?

DNA를 보면 생명체가 왜 그렇게 생겨나고, 왜 그렇게 행동하고, 왜 그렇게 죽어 가는지 해석할 수 있어. 생명체를 이해하기 위해선 꼭 알아야 하는 개념이란다. 박사님이 박사님을 똑 닮은 아들에게 알려 준 것처럼 DNA를 이해하기 아주 쉽게 설명해 볼게.

네가 엄마, 아빠를 닮은 건 바로 DNA 때문이야. 부모님의 세포 속에 있는 DNA를 자녀의 세포가 그대로 물려받았기 때문이지. 엄마 세포 속의 DNA와 아빠 세포 속의 DNA가 절반씩 합쳐져서 너희들이 태어난 거야. 혹시 딸인 네가 여리여리한 엄마는 하나도 안 닮고, 우람한 아빠를 너무 닮아서 속상한 적이 있었다고 해도 절대로 아빠만 닮은 것은 아니란다. 엄마를 하나도 안 닮을 수는 없어.

반드시 엄마 아빠를 정확히 반반 닮게 되어 있거든.

이렇게 부모님을 닮는 현상을 '유전'이라고 하는데 DNA가 그것을 가능하게 하는 물질이기 때문에 우리는 DNA를 '유전자'라고도 부른단다.

DNA 수사에 꼭 필요한 PCR 검사

모든 생명체는 DNA를 가지고 태어나. 사람뿐만 아니라 집에서 키우는 귀여운 고양이도, 고양이가 쫓는 새도, 새가 잡아먹는 장수풍뎅이 같은 곤충도 모두 유전 물질인 DNA를 가지고 있어. 당연히 꿀벌도 DNA를 가지고 있지. 그래서 사람이 사람을 낳듯, 고양이는 고양이를 낳고, 새도 곤충도 각각 자기를 닮은 새끼가 든 알을 낳아.

심지어 눈에 보이지 않을 정도로 작은 세균이나 바이러스도 DNA를 가지고 있어. 그 말은 세균이나 바이러스도 후손을 낳는다는 말이지. 코로나 바이러스가 유행했을 때, 전 세계를 뒤흔들 만큼 강력했던 바이러스 DNA의 번식력을 경험한 적 있지? 작다고 약하다고 생각하면 안 돼.

바이러스는 그 자체도 일반 현미경으로 볼 수 없을 만큼 작은데, 그 안에 있는 DNA는 얼마나 작겠니? 그래서 DNA를 관찰하기 위해서는 DNA의 양을 매우 많이 늘리는 특별한 작업을 해야 해. 코로나 검사를 할 때 콧속에 긴 면봉 같은 걸 집어넣고 쑤셔서 체액을 묻혔던 방법 생각나지? 기억을 떠올리니 코 안이 시큰거리고 눈물이 찔끔 날 것만 같구나. 그렇게 콧속 액체를 묻힌 이유가 바로 DNA를 관찰하기 위한 거야. 콧속에서 긁어낸 액체에는 DNA가 묻어나는데, 그걸 특정한 약품에 넣고 특별한 기계에 돌리면 DNA 수가 엄청나게 불어난단다. 그렇게 DNA의 양을 늘리는 실험 방법을 'PCR' 방법이라고 해. '유전자 증폭 기술'이라고도 부르지. (코로나 바이러스를 비롯해 몇몇 질병 바이러스들은 DNA와 비슷한 RNA라는 것을 유전 물질로 사용하지만, 이 책에서 유전 물질은 DNA만 생각하는 걸로 하자.)

PCR을 하면, 섞여 있는 여러 DNA 중에 바이러스 DNA만 골라서 엄청나게 불릴 수 있어. 그 덕에 네 몸에 코로나 바이러스가 침입했는지 한 눈에 딱 알 수 있는 거야. 만약 몸 안에 코로나 바이러스 DNA가 처음부터 없었다면, 아무리 PCR을 해도 그 수가 전혀 늘어나지 않겠지? 그럼 음성이라는 판단을 받아. 반대로 아무리 적은 양의 코로나 바이러스가 침투해 있었다 해도 PCR 과정을 거치면 그 수가 엄청나게 불어나지. 그러면 바이러스에 감염이 되었다고 판정을 받을 수 밖에 없는 거야.

PCR은 눈에 보이지 않는 적은 양의 DNA를 복제해서 그 양을 증폭하는 실험 방법이야. 약품과 기계를 이용해 DNA를 여러 차례 늘리지. 그림을 보면 처음 DNA는 1개였지만, 복제를 한 번 한 뒤엔 2개가 되었지?

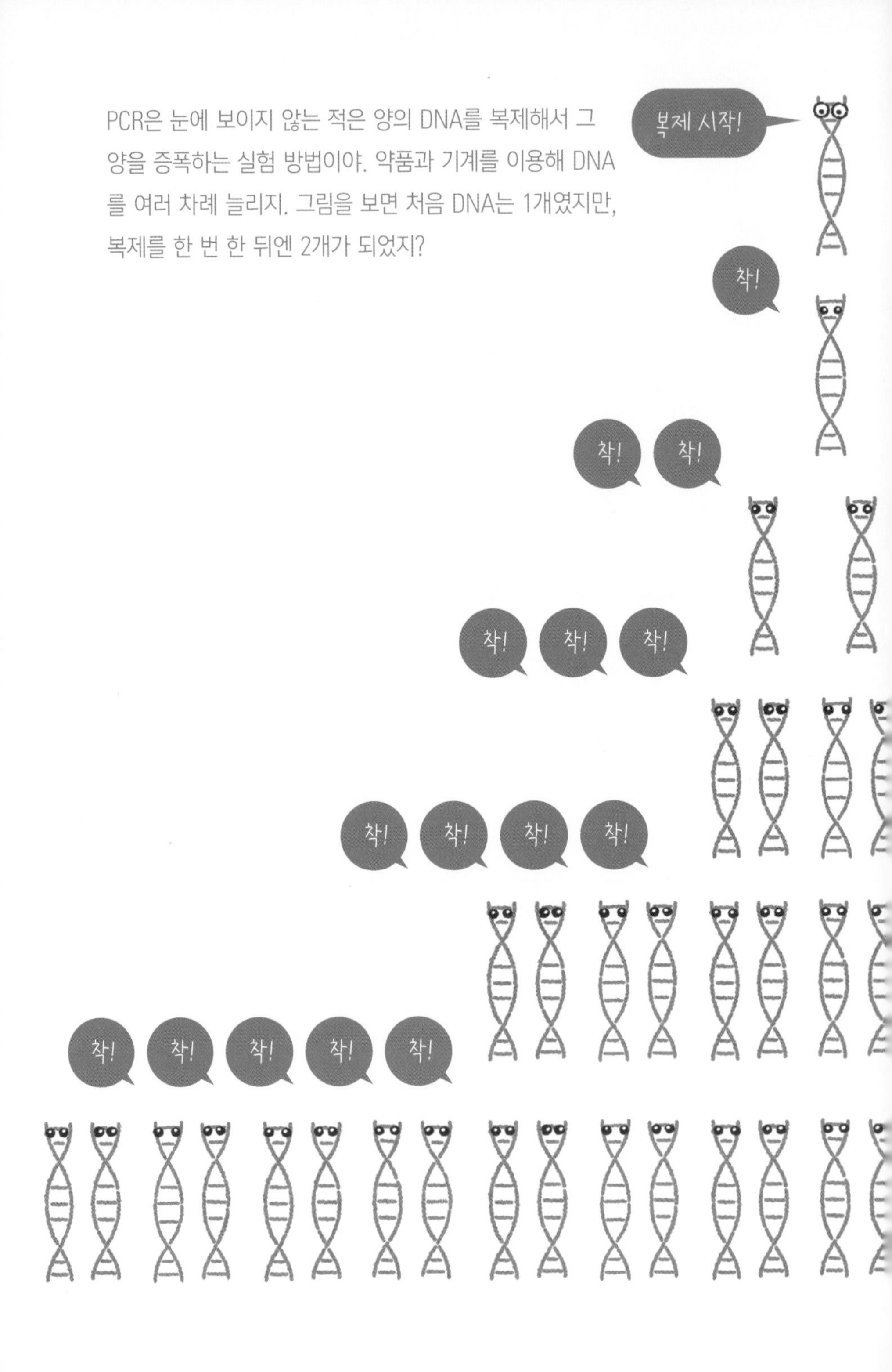

이 DNA 2개를 다시 복제하니 4개의 DNA가 되었어. 다시 복제하면 8개의 DNA가 되고, 다시 복제하면 16개…. 이렇게 여러 번 복제하면 실험실에서 눈으로 관찰이 가능한 수준으로 양이 엄청나게 많아지는 거야.

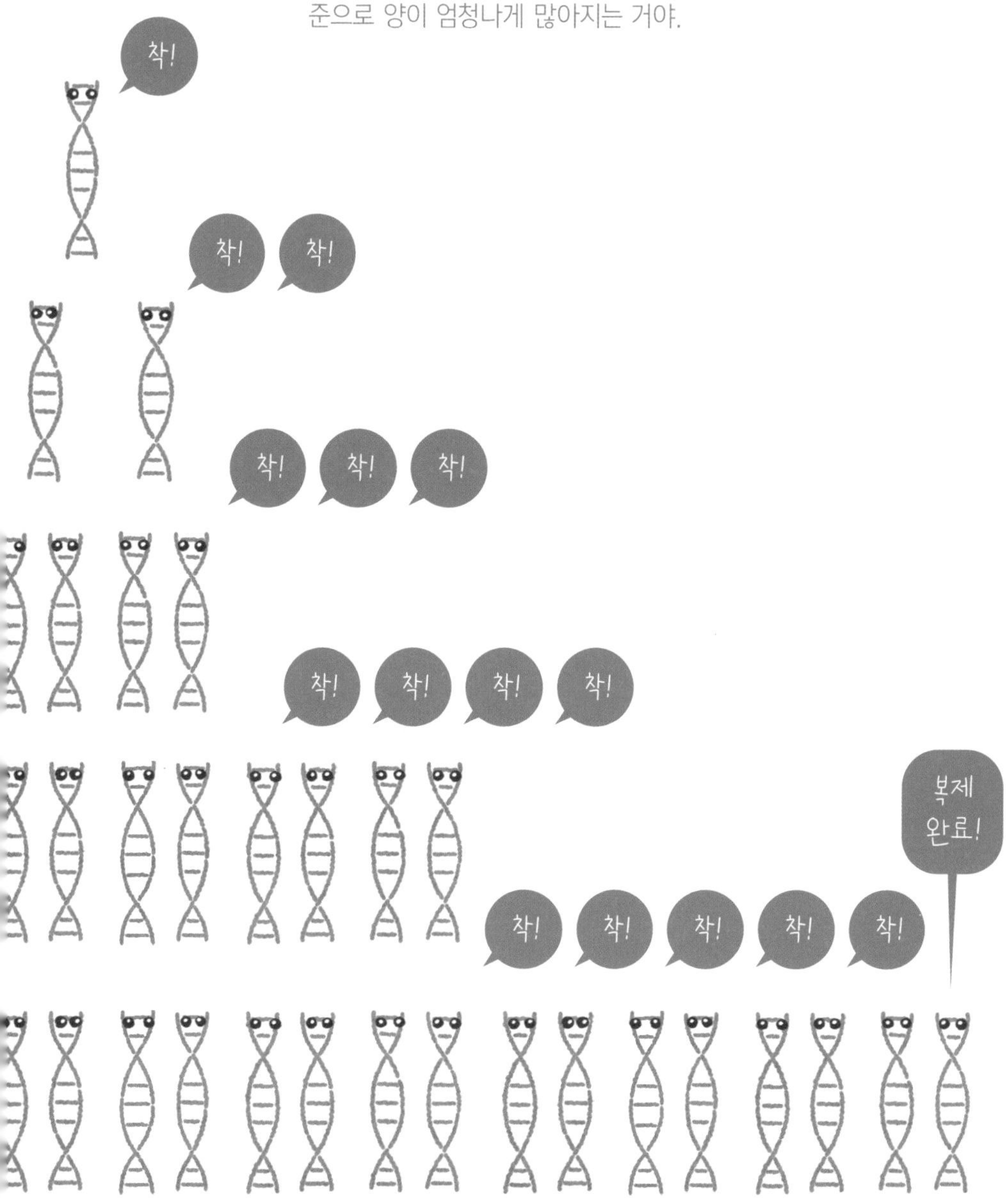

PCR을 통해 불어난 DNA가 어떻게 보이는지 궁금하지 않니? 아래 사진을 한번 봐 봐. 자, 이게 과학자들이 보는 PCR 결과야. 맨눈으로 볼 수 없는 아주 작은 DNA가 PCR을 거쳐 그 양이 불어났고, 특별한 기계를 통해 눈으로 존재를 확인할 수 있게 되었지. 한번 결과를 보고 누가 코로나에 걸렸는지 맞혀 볼래? 위에 나타난 선은 사람의 몸에 원래 가지고 있는 정상적인 DNA야. 그리고 아래에 나타난 선은 외부에서 침투한 코로나 바이러스 DNA지.

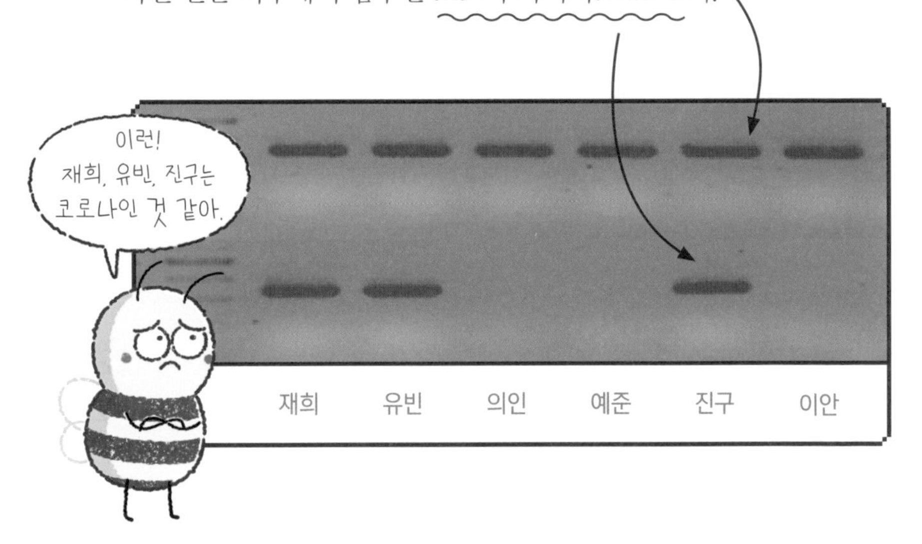

재희, 유빈, 의인, 예준, 진구, 이안이가 PCR로 코로나 바이러스 검사를 했어. 첫 줄을 보면 여섯 명 모두 정상적인 DNA가 증폭된 게 보이지? 그 아랫줄에 코로나 바이러스 DNA를 볼까? 재희, 유빈, 진구는 바이러스 DNA가 관찰된 걸 보니 코로나에 걸린 거고, 의인,

예준, 이안이는 코로나 바이러스 DNA가 PCR로 증폭되지 않으니 코로나에 안 걸린 거야.

어때? 어렵게만 생각했던 DNA가 조금 쉽게 이해되었니? 뉴스에서 듣기만 했던 PCR 검사가 뭔지 알겠지? 여기까지 잘 따라와 주었으니, 너에겐 이미 과학자로서의 자질이 충분해. 이제 DNA라는 강력한 수사 도구가 생겼으니, 꿀벌 실종 사건의 유력한 용의자들을 만나 보자.

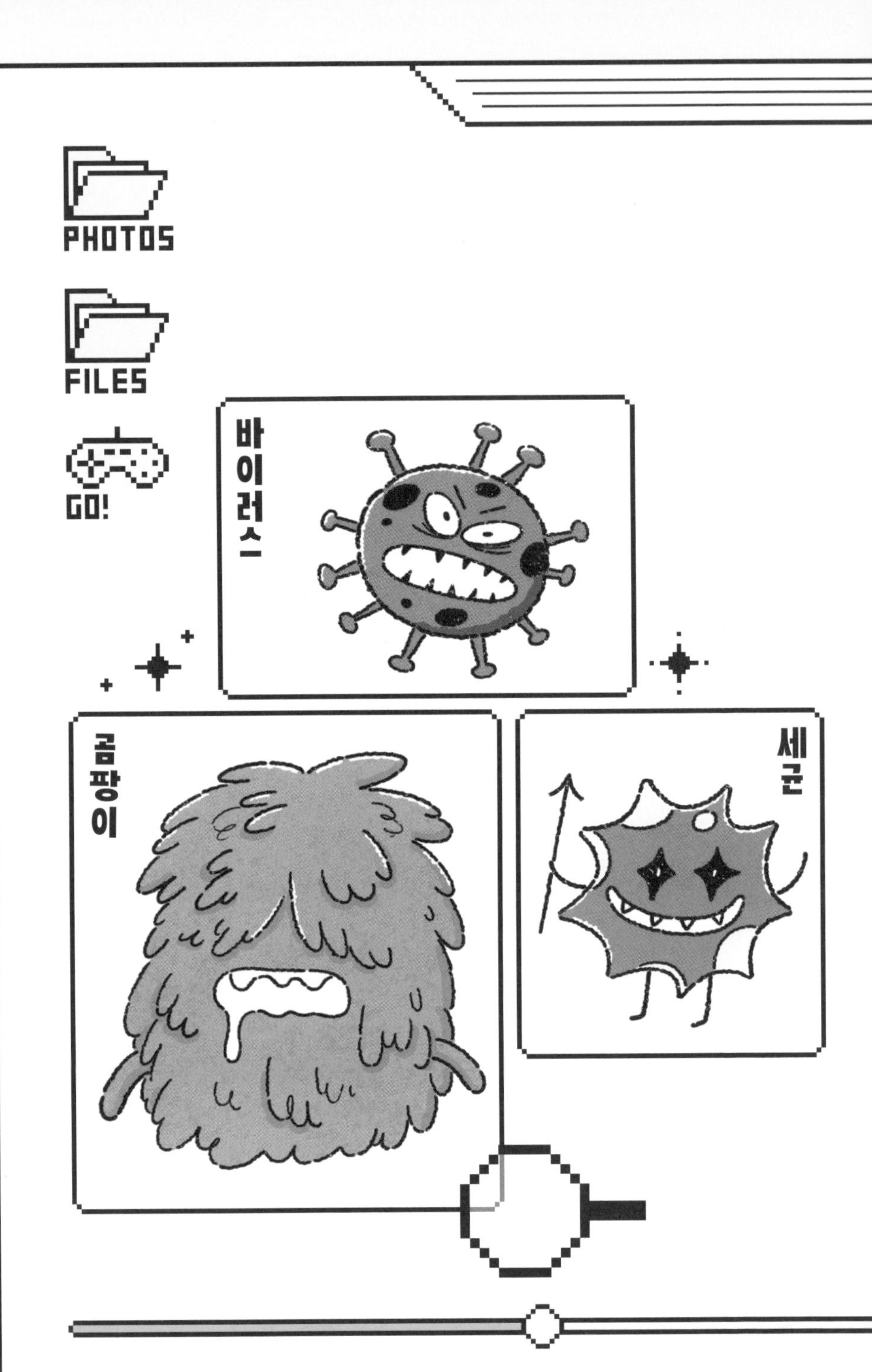
PHOTOS
FILES
GO!
바이러스
곰팡이
세균

첫 번째 용의자

OK

질병 유발 삼총사

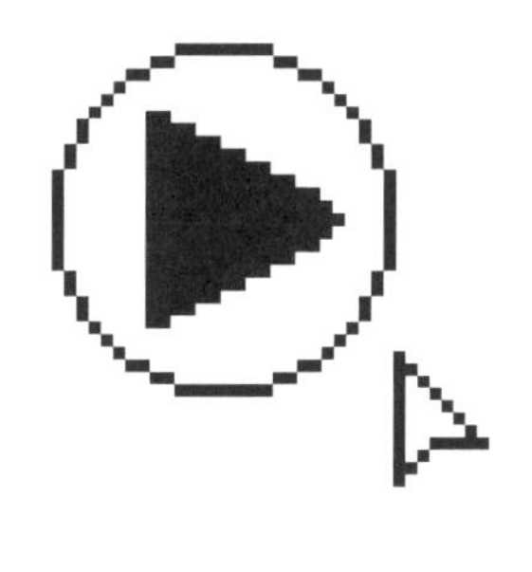

잡았다!
꿀벌 속 질병 바이러스

지금부터 우리는 꿀벌들이 사라진 현장으로 함께 가 볼 거야.

먼저, 꿀벌이 한두 마리가 아니라 집단으로 사라진 이유는 뭘까? 꿀벌 무리가 단체로 병에 걸려 죽은 건 아닌지 의심해 볼 수도 있어. 마치 급식에 상한 음식이 나오면 집단 식중독에 걸리는 것처럼 말이야. 혹시 전염성이 강한 병에 감염된 것은 아닐까?

우연히도 이 꿀벌 실종 사건이 일어난 건 코로나 시기였어. 그래서 꿀벌도 코로나 바이러스에 걸려서 사라진 게 아니냐는 소문이 돌기도 했지. 꿀벌도 바이러스에 걸리냐고? 그럼! 조사한 결과 코로나 바이러스에 감염된 것은 아니었지만, 꿀벌이 다양한 질병 바이러스에 걸리는 건 사실이란다.

과학자들은 실종 사건이 일어난 양봉장에 남아 있는 꿀벌들에게서 DNA를 뽑아내 원인을 분석하고 있어. 몸에 질병 바이러스 DNA가 침투해 있는 건 아닌지, 또는 어떤 세균이나 곰팡이의 DNA가 발견되진 않는지 살피면서 말이야.

꿀벌의 DNA를 관찰하기 위해서는 뭐부터 해야 할까? 그래! 맞

아. PCR! PCR을 통해 꿀벌 안에 있는 DNA수를 아주 많이 늘려야 해. 잘 기억하고 있구나? 조금 더 자세하게 알려 줄게.

꿀벌의 DNA를 관찰하기 위해서는 일단 꿀벌을 갈아야 해. 윽, 잔인하다고? 안타깝게도 몸집이 작은 꿀벌에게서 DNA를 뽑아내려면 필요한 과정이야. DNA는 우리 몸을 구성하고 있는 세포 안에서도 '핵'이라는 부분 안에 있어. 그러니 DNA를 뽑기 위해서는 세포가 먼저 필요하겠지. 우리는 코로나 검사를 할 때 코 안을 긁어내서 떨어져 나온 세포로 DNA를 뽑아냈지.

꿀벌 실종 사건이 발생한 2022년 봄, 우리나라 안동대학교 연구팀에서 양봉 농가에 남아 있던 꿀벌과 주변의 죽은 꿀벌들을 모아서 DNA를 분석해 보았어. 그 결과가 어땠을까? 꿀벌들의 DNA 속에는 질병을 일으키는 바이러스 DNA가 드글드글했어. 바이러스 DNA의 양을 비교해 보았더니, 살아 있는 꿀벌보다 죽어 있는 꿀벌들에게서 훨씬 더 많은 바이러스 DNA가 발견되었지. 이 연구를 통해 실종된 꿀벌들도 바이러스DNA를 가지고 있지 않았을까 추측해 볼 수 있게 되었단다.

어떤 바이러스들이 꿀벌을 괴롭혔을까?

과연 꿀벌 속에 어떤 바이러스 DNA가 침투해 있었을까? 먼저 여왕벌이 될 애벌레와 번데기를 죽게 하고, 몸을 까맣게 만들어 버리는 '여왕유충흑색병 바이러스'가 있었어. 꿀을 따 와야 할 일벌의 날개를 못 쓰게 만드는 '날개불구증 바이러스'도 있었지. 꿀벌이 날개를 부르르 떨다가 온몸이 급속도로 마비되어 끝내 죽음에 이르는 '이스라엘급성마비증 바이러스'도 발견되었고. 애벌레가 번데기로 자라지 못하고 말라 죽게 만드는 '낭충봉아부패병 바이러스'

도 많이 발견됐어. 이름들이 어렵지? 다 외울 필요는 없지만, 이름에서 예상되는 증상과 꿀벌들이 받았을 엄청난 고통은 기억하자!

나라마다 동물과 가축이 병에 걸리는 것을 막기 위해 애쓰는 연구 기관이 있어. 우리나라의 경우 '농림축산검역본부'야. 이들 연구에 따르면 우리나라 꿀벌에서는 '날개불구증 바이러스'와 '여왕유충흑색병 바이러스', '이스라엘급성마비증 바이러스'가 많이 나왔다고 해.

그래프를 보면, 2017부터 2021년까지 5년 동안 '날개불구증 바이러스'와 '낭충봉아부패병 바이러스', '여왕유충흑색병 바이러스'에 감염된 벌들의 수가 해마다 꾸준히 증가한다는 걸 알 수 있어.

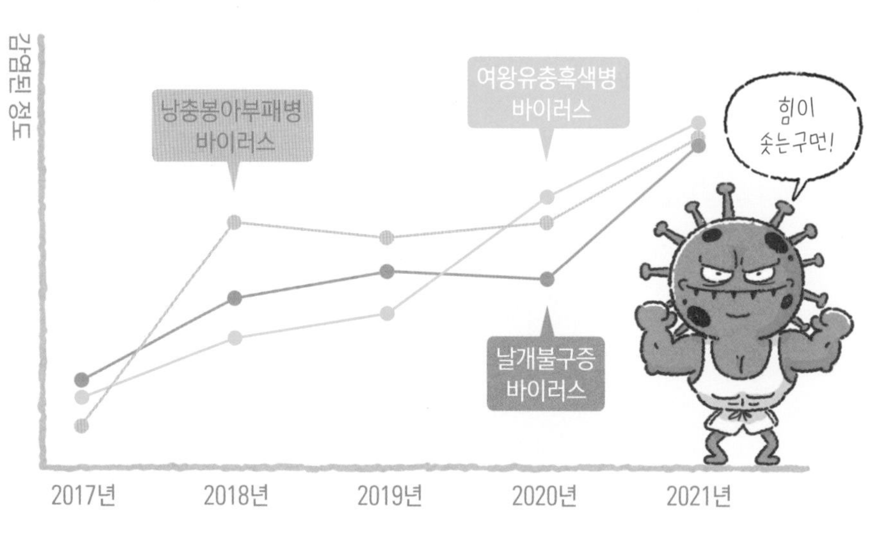

농림축산검역본부 연구팀이 2017년부터 2021년까지 3가지 바이러스에 감염된 꿀벌을 조사한 결과야. 바이러스 감염 수치가 매년 오르는 추세이지?

영국과 독일에서는 '날개불구증 바이러스'와 '이스라엘급성마비증 바이러스'가 특별히 겨울철에 많이 나타난다는 걸 알아냈어. 우리나라 꿀벌들이 실종된 것도 겨울이니 연결된다는 생각이 들지 않니? 우리가 살펴본 그래프에 나타나듯이 꿀벌 실종 사건이 많이 발생한 2021년에 유난히 상승폭이 크다는 연구 결과까지 고려하면 실종 사건의 범인이 바이러스일 수도 있다는 예측을 하게 되는구나.

앞에서 너에게 소개한 네 종류의 바이러스 이외에도 꿀벌을 아프게 하는 바이러스가 열여덟 종류 정도 더 있다고 알려져 있어. 우리는 몸이 아프면 여러 증상이 나타나지? 코로나 바이러스에 걸리면 기침도 나고, 목도 아프고, 열도 나잖아. 그럼 온도계로 체온을 재고, 어디 어디가 아픈지 의사 선생님에게 자세히 이야기를 하지.

그런데 꿀벌들은 질병 바이러스에 걸린다 해도 어떤 바이러스에 감염되었는지, 어떤 증상이 나타나는지 알기가 쉽지 않아. 잘 자라지 못한다거나, 크기가 너무 작게 태어난다거나, 어른벌레가 되기 전에 죽거나, 마비 증상이 나타나거나, 비정상적으로 부들부들 떠는 증상들이 나타날 때가 되어서야 비로소 꿀벌이 건강하지 않구나 하고 눈치채는 정도이지. 그래서 꿀벌들이 어디가 아픈지 제대로 알려면 DNA 검사를 통해 질병 바이러스 DNA가 있는지, 있다면 어떤 바이러스인지 봐야 하는 거야.

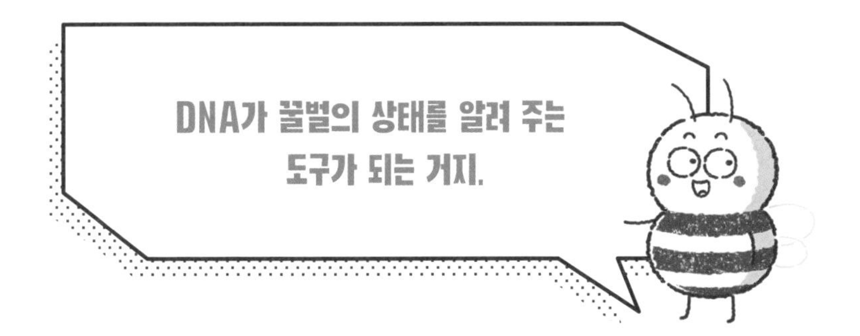

과학계에서는 이렇게 곤충을 감염시키는 바이러스에 대한 연구가 매우 활발하게 진행되고 있어. 안동대학교 연구팀은 2023년에 우리나라 꿀벌에게서 지금껏 한 번도 발견된 적 없는 새로운 바이러스 DNA를 여섯 종류나 찾아내 발표했고, 전 세계에서 발견된 적 없는 신종 바이러스 2종을 최초로 찾아내기도 했지. 앞으로도 바이러스 DNA가 꿀벌의 생활에 어떤 영향을 미치는지에 대한 연구가 더 많이 필요해.

바이러스만이 아니라 세균과 곰팡이까지?!

꿀벌들이 바이러스에 감염된 건 정말 안타까운 소식이야. 그런데 코로나 바이러스에 걸린 사람이 독감 바이러스에 동시에 걸리기도 하는 거 봤지? 감기 기운이 돌고 열이 많이 나면, 이게 코로나에 감염된 건지 독감에 걸린 건지 헷갈리기도 했지. 그래서 병원에 가면, 코로나 검사와 독감 검사를 따로 하느라 코를 두 배로 찔렸던 아찔한 순간이 또 스쳐 가는구나. 둘이 증상은 비슷한 것 같아도 전혀 다른 바이러스이기 때문이야.

꿀벌도 사람처럼 하나 이상의 바이러스에 감염되기도 해. 바이러스뿐만 아니라 세균과 곰팡이 같은 다른 종류의 병균에 감염되기도 하고 말이야. 더군다나 바이러스에 감염되면 병균에 저항하는 힘, 즉 면역력이 떨어져서 세균이나 곰팡이가 일으키는 병에 걸리기가 더 쉬워. 그렇다면 이미 바이러스에 감염된 꿀벌의 몸 안에 다른 병을 일으키는 세균이나 곰팡이들은 없을까?

이렇게 생각을 뻗친 건 우리만이 아니었어. 꿀벌 연구의 컨트롤타워 역할을 하는 '국립농업과학원'에서 실종 현장에 남은 꿀벌의

DNA를 관찰해 보았더니, 꿀벌들을 아프게 만든 게 또 있지 뭐야? 꿀벌 안에 바이러스 DNA뿐만 아니라 곰팡이와 세균의 DNA까지 잔뜩 있던 거야! 하나의 바이러스에만 노출되어도 심각한데, 곰팡이, 세균에까지 감염되었으니 집단생활을 하는 꿀벌 무리에게는 매우 치명적이었을 거야.

꿀벌이 곰팡이와 세균에 감염되면 바이러스에 걸렸을 때와 마찬가지로 여러 병이 생겨. 어떤 병에 걸렸는지 조사해 보니 '부저병', '석고병', '노제마병'이었어. 이름들이 어렵지? 다 기억할 필요는 없어. 그냥 이런 병들이 있구나 기억만 해 두렴.

'부저병'은 세균에 감염되었을 때 발생하는데, 꿀벌의 새끼인 애벌레가 썩고 그 몸의 액체가 흘러내리는 무시무시한 질병이야. 한 벌통에서 부저병이 발생하면 양봉장 전체 벌통이 순식간에 전염되어 전멸하는 경우도 있어. 그래서 이 병이 발견된 벌통 전체를 화르륵 불태워 없애 버려야 할 정도로 무서운 병이지.

'석고병'은 곰팡이에 감염되었을 때 발생하는 병이야. 애벌레의 몸에 곰팡이 포자가 퍼지면 몸이 흰색으로 변한 뒤 아주 단단한 석고처럼 굳어 버려. 그래서 이름이 석고병이야.

'노제마병'은 일벌들이 노제마라는 곰팡이에 감염될 때 나타나는데, 이 병에 걸린 일벌들은 벌통에서 밖으로 기어 나와 죽는 경우가 많고, 배가 부푼다는 특징이 있어.

증상들이 정말 무시무시하지? 이 무시무시한 병에 걸리면 애벌레나 번데기는 다리나 날개가 없으니 꼼짝없이 벌집 안에서 죽지만, 어른벌레는 병에 걸리면 벌집 밖으로 나와 최대한 멀리서 죽으려는 특징이 있어. 벌집 안에는 알을 낳는 귀하신 여왕벌도 있고, 동생들인 알, 애벌레, 번데기도 있고, 또 다른 형제인 일벌들도 수천, 수만 마리가 옹기종기 함께 있잖아. 만약 한 마리가 병에 걸린 채 집 안에서 죽기라도 하면 그 몸에 감염된 병균들이 벌집 전체에 퍼져 나가 가족들을 모두 감염시킬 수도 있으니까. 그걸 막기 위해 아프고 힘든 몸을 이끌고서라도 멀리멀리 이동해서 죽음을 맞이하는 거야.

게다가 죽은 후 몸속에 남은 병균이 바람에 날려 벌집 안으로 들어올까 봐 죽을 때조차 웅덩이나 도랑같이 움푹 파인 곳을 찾는단다. 꿀벌을 괜히 영리하다고 말하는 게 아니야. 가족과 집을 지키려는 꿀벌의 헌신이 참 대단하지 않니? 꿀벌의 생활을 보면 우리가 배울 점이 참 많은 것 같아.

여기까지 살펴본 대로라면 꿀벌의 DNA 속에서 바이러스, 곰팡이, 세균의 DNA가 발견됐고 이 삼총사가 일으킨 여러 질병이 꿀벌의 건강을 해친 중요한 원인일 거라고 추측해 볼 수 있겠지. 다시 말해, 바이러스, 곰팡이, 세균을 꿀벌 실종 사건의 유력한 용의자로 지목할 수 있겠구나.

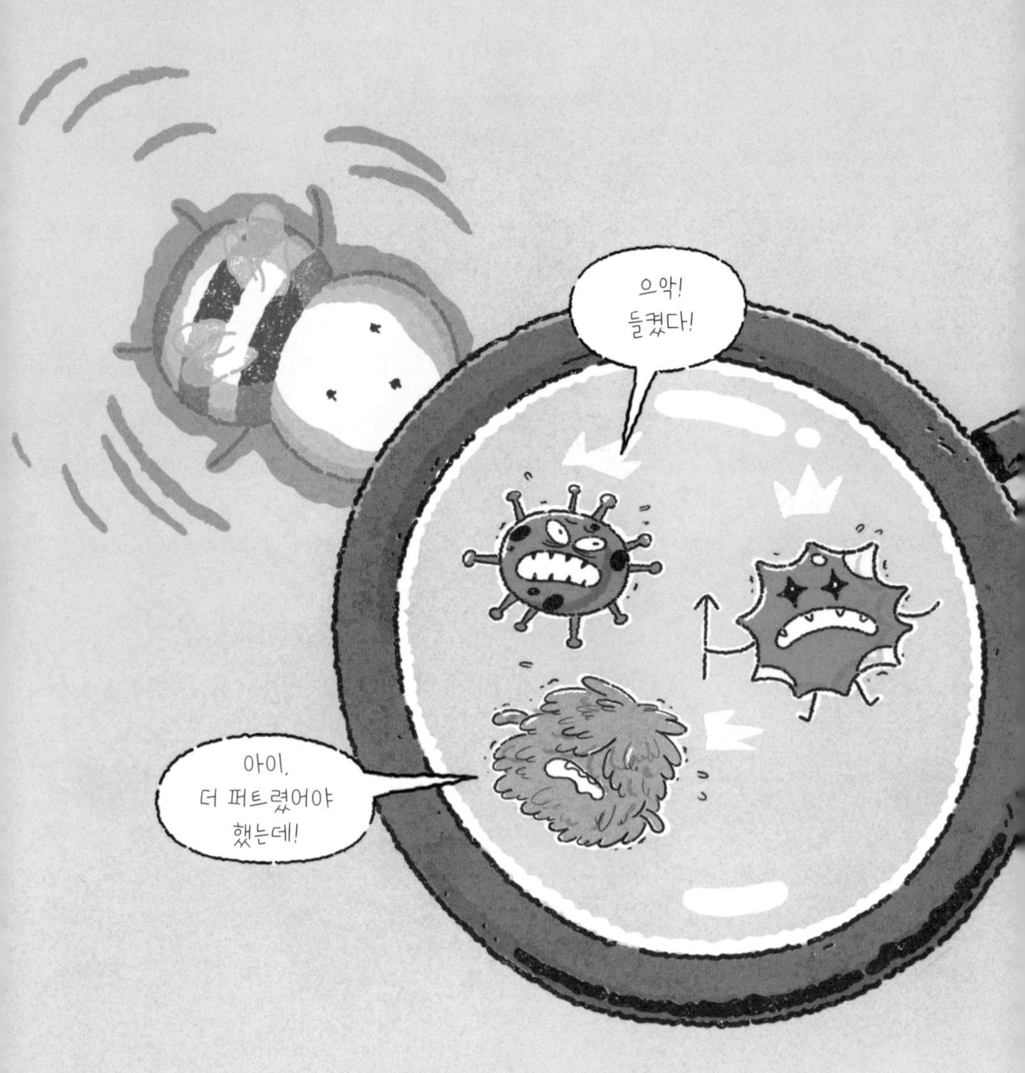

꿀벌은 어떻게 병균에 감염되는 걸까?

여기서 의심해 볼 부분이 있어. 몇몇 꿀벌들이 병에 걸린 거라고 해도 이번 사건에서는 아픈 몇몇만 사라진 게 아니라 꿀벌이 집단으로 모조리 사라졌잖아. 이 현상을 해석하기 위해 먼저 꿀벌이 어떤 경로로 병에 걸리고, 그 병이 어떻게 다른 꿀벌들에게까지 전염되는지를 알아봐야겠어.

코로나가 한창 유행하던 시기를 한번 떠올려 봐. 코로나 바이러스에 옮지 않기 위해 우린 무엇을 사용했지? 그래, 바로 마스크야. 우리가 마스크를 썼던 이유는 코로나 바이러스가 대화를 하거나 기침할 때 나오는 작은 침방울(비말)을 통해 전파되기 때문이었지. 내가 옮지 않기 위해서도 마스크를 써야 했지만, 내가 바이러스를 옮기지 않기 위해서도 마스크가 매우 중요했어. 호흡기로 옮는 탓에 접촉을 피하려고 거리 두기도 했었지. 침방울이 손잡이나 책, 키보드 같은 곳에 묻은 후 다른 사람이 그걸 만지면 바이러스가 전파되기 때문에 손을 자주 씻고, 손 소독제를 사용하기도 했었어.

그럼, 꿀벌들은 어떨까?

결론부터 얘기하면,
꿀벌의 병균이나 바이러스도
접촉으로 퍼져 나가.

꿀벌은 서로 침을 튀기며 이야기하거나 기침을 하진 않으니 괜찮지 않냐고? 과연 그럴까? 꿀벌들은 꽃에서 빨아 먹은 꿀을 집 안으로 가져와 토해 내고, 그 꿀을 또 다른 벌이 받아 머금어서 저장고로 옮겨. 또한 꽃가루를 몸에 잔뜩 묻혀 와서는 집 안에서 몸을 털고, 그 꽃가루를 다른 벌이 나르지. 어때? 이래도 괜찮다고 말할 수 있을까? 실제로 꽃가루 안에서 병균 바이러스가 발견된단다.

이렇게 벌집 안에서 일상생활을 하는 중에도 병균이나 바이러스가 충분히 전파될 수 있지만, 특별한 경우도 있지. 흔히 모든 일벌이 꽃과 벌통 사이를 부지런하게 오가며 꿀 따는 일에 전념할 거라고 생각하지만, 다른 벌통의 꿀을 훔쳐 오는 벌도 있어. 힘들여 꿀을 따 오지 않고, 살금살금 옆 벌통에 침입해 꿀을 훔쳐 오는 도둑벌이지. 남이 열심히 모은 꿀을 훔치는 것도 문제지만, 그보다 더 큰 문제는 그렇게 남의 벌통을 들락날락하면서 때로는 병균이나 바이러스까지 훔쳐 올 수도 있다는 거야. 몸에 묻은 바이러스로 자기 벌통을 감염시키거나 반대로 다른 벌통을 침입해 바이러스를 전파하기도 하지. 한 사회 안에서 나쁜 행동은 그 행동뿐만 아니라 더 많은 나쁜 영향을 미칠 수도 있다는 걸 도둑벌은 미처 몰랐겠지?

이뿐만 아니라 벌통을 돌보고 꿀을 따는 양봉가에 의해서 병균이나 바이러스가 전파될 수도 있어. 병에 걸린 벌통에서 사용한 양봉 도구들을 다른 벌통에서 사용할 때가 그래. 꿀을 수확하거나 벌통을 합치다가 벌집이 이 통 저 통 섞이기도 하는데, 그럴 땐 더 이상 말할 필요도 없겠지?

만약 코로나에 감염된 줄 몰랐던 친구가 마스크도 없이 그냥 학교에 간다면 어떻게 될까? 이 친구가 호흡할 때마다 학교 곳곳으로 코로나 바이러스들이 퍼져 나가겠지? 직접 접촉하지 않았더라도 그 친구가 다녀간 공간에 남아 있는 바이러스만으로도 감염이 될 수 있어. 그래서 학교에서 정기적으로 소독을 했던 거야.

그렇다면 꿀벌도 직접 접촉 없이 바이러스를 옮길 수 있을까? 이탈리아 연구팀이 이미 이에 대해 밝혀냈어. 꿀벌들이 꿀을 따고 떠나간 꽃에서 날개불구증 바이러스 DNA를 찾아낸 거야. 바이러스에 감염된 꿀벌이 꽃을 찾아가는 동안 꽃가루가 바이러스에 오염된 거라고 봤지.

바이러스, 어디까지 퍼져 봤니?

박사님은 꿀벌을 병들게 만드는 바이러스가 도대체 어디까지 퍼져 나가는지 더 자세히 확인하고 싶었어. 그래서 박사님이 일하고 있는 경북대학교 연구팀에서 실험을 했지. 먼저 날개불구증 바이러스에 감염된 애벌레, 번데기, 일벌이 있는 벌통을 딸기 온실 안에 넣어 두고, 꿀벌들이 자유롭게 생활하도록 두었어.

그러고 나서 관찰해 보니, 벌통 안에서만 생활하는 일벌의 몸 표면에서도 날개불구증 바이러스가 발견되었고, 바깥에서 꿀을 따 오는 일벌의 몸 표면에서도 바이러스가 발견되었어.

이 결과로 꿀벌의 몸 표면에
있던 바이러스가 접촉을 통해 옮겨졌다고
미루어 볼 수 있지.

혹시 봄이나 여름, 자동차 겉면에 노란색 꿀벌 똥이 떨어져 있는 것을 본 적 있니? 실험을 하는 딸기 온실 안에도 노란 꿀벌 똥이 여기저기 떨어져 있었어. 그 똥도 조사해 보았는데, 글쎄 그 안에서도 바이러스 DNA가 검출되지 뭐야. 꿀벌이 똥을 싸면, 바이러스가 함께 배설되겠지? 그 똥이 말라서 가루가 되어 바람에 날리면 바이러스도 함께 널리 퍼져 나갈 거야.

게다가 꿀벌들이 앉았다 간 딸기 꽃의 표면에서도 바이러스 DNA가 확인되었어. 딸기 꽃이나 꿀을 따는 일벌의 몸 표면에 바이러스가 묻어 있으니까, 꿀벌이 꿀을 모으는 동안 바이러스가 꿀벌에서 꽃으로, 또 꽃에서 꿀벌로 전파되겠지?

박사님 연구팀과 이탈리아 연구팀의 연구 결과를 바탕으로 꿀벌과 꿀벌이, 또는 꿀벌과 꽃이 접촉해 바이러스가 전파되고, 직접 접촉하지 않아도 꿀벌이 돌아다닌 모든 길을 통해서 바이러스가 전파된다는 걸 알 수 있어. 바글바글 부대끼며 지내는 벌집 안을 한번 상상해 볼래? 하루에도 수백 번이나 꽃과 벌통 사이를 윙윙거리며 날아다니는 꿀벌들의 생활을 말이야. 어마어마한 바이러스 전파가 순식간에 일어날 거야.

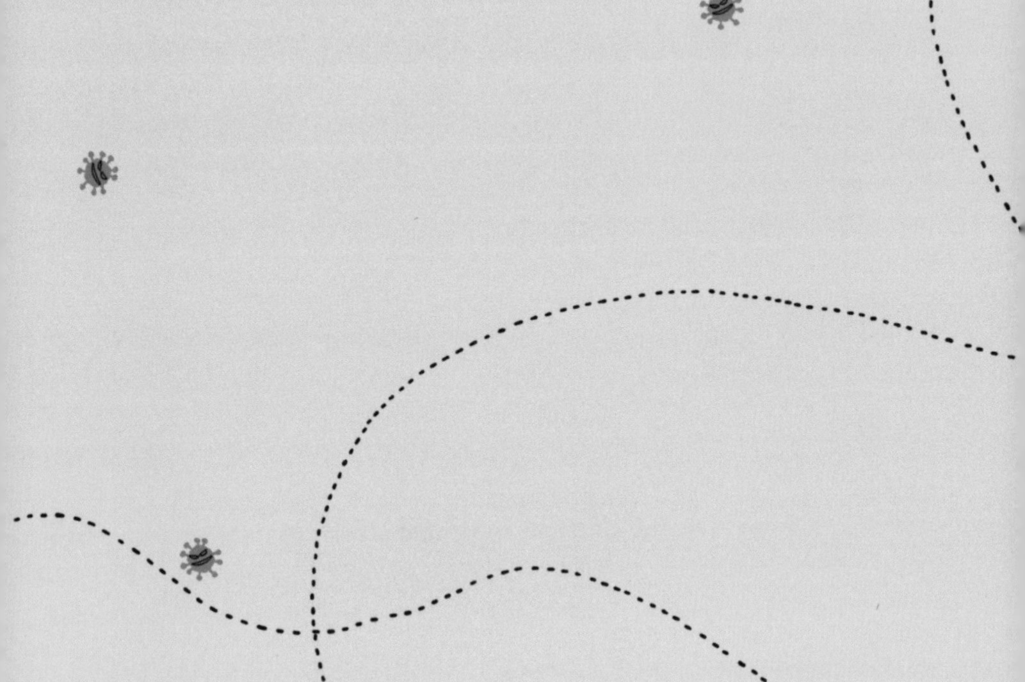

이로써 꿀벌 실종 사건의 첫 번째 용의자로 꿀벌에게 다양한 질병을 퍼뜨리는 질병 유발 삼총사, 바이러스, 세균, 곰팡이를 지목했어. 꿀벌들이 너무너무 아팠겠지? 그런데 이 삼총사가 사건의 유일한 용의자일까? 또 다른 용의자는 없을까? 과학자들은 항상 여러 가능성을 열어 두고 다양한 관점으로 사건을 파헤쳐 봐야 해. 수사망에 오른 다음 용의자를 조사하러 가 보자!

PHOTOS

FILES

GO!

두 번째 용의자
OK
불법 침입자
꿀벌 응애

꿀벌 응애, 넌 누구냐!

우리는 꿀벌의 DNA를 통해 질병 유발 삼총사를 꿀벌 실종 사건의 아주 유력한 용의자로 잡아냈어. 더 철저한 수사를 위해 다시 한 번 현장으로 가 보자. 양봉 농가를 수색해 보면 또 다른 단서를 발견할지도 몰라.

꿀벌이 단체로 사라졌다는 신고를 받았을 때 꿀벌이 실종된 농가가 한두 곳이 아니었기에 박사님은 전국을 뛰어다니며 꿀벌이 사라진 벌통들을 확인해야 했어. 그런데 벌통을 샅샅이 뒤져 보다가 아주 수상한 흔적을 발견했어. 텅 빈 벌통 안에 '꿀벌 응애'라는 아주 작은 벌레의 흔적이 공통적으로 발견된 거야!

꿀벌 응애라는 이름을 들어 본 적 있니? 꿀벌 응애는 꿀벌의 집에 절대로 들어와선 안 되는 불청객이야. 처음 듣는 이름이라고? 이름만 듣고 '응애~ 응애~' 하고 우는 귀여운 아기를 상상했다면 잘못 짚었어. 눈에 겨우 보일 정도로 작고 상당히 앙증맞지만, 꿀벌에게 붙어살면서 피를 빨아 먹는 흡혈 기생충이거든. 귀여운 이름과는 완전히 다른 반전이지?

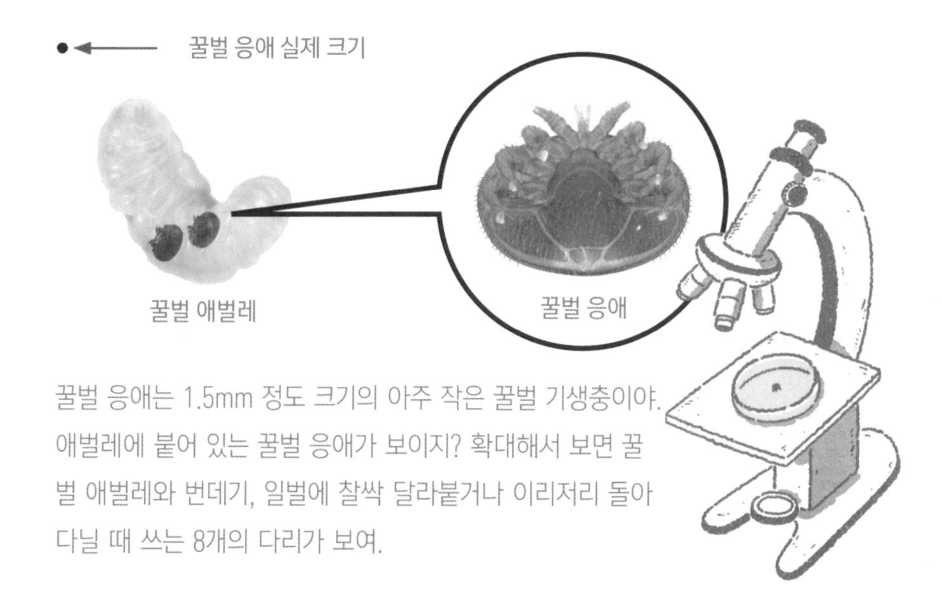

꿀벌 응애는 1.5mm 정도 크기의 아주 작은 꿀벌 기생충이야. 애벌레에 붙어 있는 꿀벌 응애가 보이지? 확대해서 보면 꿀벌 애벌레와 번데기, 일벌에 찰싹 달라붙거나 이리저리 돌아다닐 때 쓰는 8개의 다리가 보여.

꿀벌 응애는 주로 토종벌에 붙어살던 해충이야. 그나마 토종벌은 오랜 세월 동안 꿀벌 응애를 겪어 봐서 대체로 잘 견디지만, 현재 대부분의 양봉 농가에서 키우는 꿀벌은 서양벌이라 꿀벌 응애를 견디는 방법을 잘 몰라. 그래서 양봉 농가에서는 꿀벌 응애가 나타나면 큰 피해가 발생할까 봐 바짝 긴장하지. 꿀벌 응애가 벌집에 들어와 살기 시작하면 꿀벌에게 말할 수 없는 고통을 주거든.

만약, 생판 모르는 불청객이 네 방에 들어와서 네가 먹을 음식을 다 빼앗아 먹고, 네 물건들을 함부로 만지고, 병까지 옮겨 고통스럽게 한다고 생각해 봐. 거기다가 죽을 때까지 네 방에서 나가지 않는 거야. 아주 끔찍하지? 차라리 집을 나가는 게 낫겠다는 생각이 들지도 몰라. 꿀벌에게 꿀벌 응애가 그런 존재야. 지금부터 하는 얘기들을 듣고 있자면 마음이 꽤 불편해질지도 몰라. 꿀벌이 꿀벌 응애에게 받는 스트레스는 이만저만이 아니거든.

우선 꿀벌 응애가 어떻게 벌집으로 들어가는지 알려 줄게. 꿀벌 응애는 꽃 속에 숨어 있다가 꿀을 따러 온 꿀벌의 다리에 살짝 올라타. 꿀벌은 작은 꿀벌 응애를 알아채지 못한 채 집으로 돌아가지. 먼 비행을 마치고 돌아온 꿀벌들이 잠시 쉬는 사이에 꿀벌 응애는 얼른 꿀벌에게서 내려 예쁜 새끼들이 있는 아기방에 스파이처럼 숨어들어. 그러고 꿀벌이 애벌레에게 영양 가득한 먹이를 주는 걸 가만히 지켜보다가, 애벌레 뒤에 숨어서 피를 쪽쪽 빨아 먹는 거야. 잘 먹은 애벌레의 피에는 영양 성분이 가득하니까 말이야.

주로 애벌레의 피를 빨아 먹지만, 이놈의 꿀벌 응애는 번데기나 어른벌레라고 가리는 법이 없어. 너무 얄밉지? 집 안을 돌보는 유모벌들이 꿀벌 응애를 발견하지는 못했냐고? 꿀벌의 역할을 잘 알고 있구나. 하지만 안타깝게도 꿀벌 응애는 너무 작고 빠르게 움직이기 때문에 발견하기가 쉽지 않아. 유모벌들이 순찰하다가 꿀벌 응애를 발견해서 물어 밖으로 빼내는 경우도 있어. 그렇지만 크기가 작고 번식이 너무 빠른 탓에 이런 식으로 해결하기엔 역부족이지.

게다가 벌통 하나라도 꿀벌 응애에게 점령을 당하면, 이웃 벌통으로 퍼지는 것도 금방이야. 양봉가들이 꿀을 수확하는 과정에서 벌집들이 이 집 저 집 섞이는 경우가 많거든. 꿀벌 응애들은 이런 기회를 놓치지 않고, 새로운 벌집으로 빠르게 발을 넓힌단다.

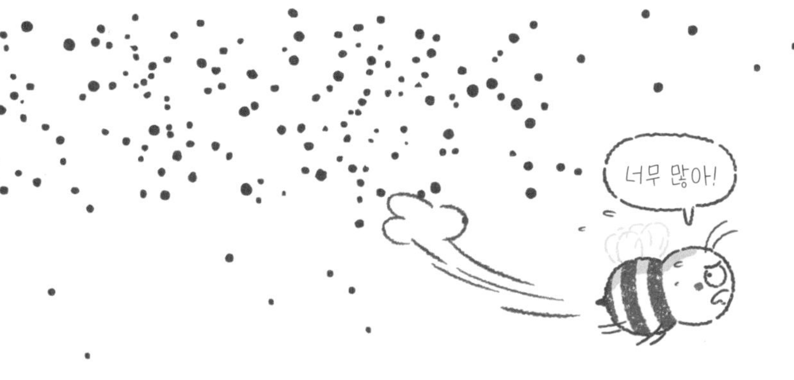

꿀벌들이 이 끈질기고 얍삽한 꿀벌 응애에게 받는 스트레스는 어마어마해. 우리는 가끔 스트레스가 눈에 보이지 않는다는 이유로 가볍게 여기지만, 사실 스트레스는 생명체를 죽게 만들 수도 있는 힘 있는 실체란다. 그렇다면 꿀벌이 꿀벌 응애 때문에 받는 스트레스를 확인해 볼 수 있을까? 눈에 보이지 않는 스트레스를 어떻게 확인하냐고? DNA를 보면 가능해! 그러기 위해서는 DNA에 대해 조금 더 깊이 알 필요가 있어.

꿀벌 응애로 인한 스트레스, DNA로 밝혀 줄게

이제 DNA가 무엇인지는 이미 알고 있지? 아빠를 닮은 우람한 딸을 떠올려 봐. 그래, DNA는 유전을 일으키는 물질이라고 했어. 그런데 유전이 될 때 어떤 부분은 엄마를 닮고, 어떤 부분은 아빠를 닮아. 엄마의 반달눈 DNA가 네게 유전되면 네 눈 모양도 반달눈이 되고, 아빠의 들창코 DNA가 너에게 유전되면 네 코 모양도 들창코가 돼. 반달눈, 들창코와 같은 DNA의 특징이 밖으로 드러날 때 '발현된다'는 표현을 써.

놀랍게도 DNA는 각 신체 부위에 맞춰서 발현되지.
눈을 만드는 DNA는 눈에서 발현을 하고,
코의 모양을 만든 DNA는 코에서 발현되는 거야.

만약 발가락 DNA가 손가락에서 발현되었다면, 아마도 너의 엄지손가락은 발가락 모양이 되었을지도 몰라. 신기하지? 이 DNA에 대해 좀 더 자세히 알아볼까?

우리 몸속에 DNA가 있다는 건 당연히 알겠고, 그럼 우리 몸 어디에 DNA가 있을까? 앞에서 이야기했는데 기억하니? 그래, 세포 안에 있어. 이번엔 좀 더 자세히 알려줄게. DNA는 생명체의 세포 안에서도 가장 중심이 되는 핵 안에 있어. 보통의 세포도 현미경으로 겨우 볼 만큼 크기가 작은데, 그 세포의 핵 안에 있다니 DNA는 아주 작겠지? 과학자들이 특별한 실험 기구로 관찰해 보니 DNA는 두 가닥의 실이 꽈배기처럼 꼬여 있는 모양을 하고 있었어. 그래서 그걸 '이중 나선 구조'라고 이름 붙였지.

이 이중 나선을 더 자세히 관찰해 보자. 그 안에는 아데닌(Adenine), 구아닌(Guanine), 시토신(Cytosine), 티민(Thymine)이라는 화학 물질이 구슬을 꿴 것처럼 다닥다닥 붙어 있어. 그럼 마치 실처럼 보이지.

화학 물질의 이름이 조금 어렵지? 그럼 짧게 A, G, C, T로만 기억하면 될 것 같아. 네 또래들이 좋아하는 성격 유형 검사 MBTI와 비슷한 느낌이지? MBTI도 DNA처럼 그 사람이 어떤 사람인지를 나타낸다는 점에서는 공통점이 있지만, 사실 DNA가 MBTI보다 훨씬 더 정확하게 그 사람에 대해 말해 준단다. 어때, MBTI보다 정확한 너의 DNA가 궁금하지 않니?

생명체의 모든 정보를 담은 설계도, DNA

사람은 모두가 다르게 생겼어. 지문도 모두 다르고 당연히 DNA도 저마다 다르지. 그렇기 때문에 사건 현장에서 DNA를 발견하면 누구인지 추적이 가능해. 모든 사람이 다르게 생긴 건 바로 사람마다 DNA를 구성하고 있는 A, T, G, C 4개 문자의 순서가 다르기 때문이야. 4개밖에 없으니 순서를 바꾼다 해도 조합이 그리 많이 나올 것 같진 않다고? 반복적으로 사용된다면 얘기가 다르지. 바로 이렇게!

ATGCTGGCTCAATTGGCCAATTC

DNA는 A, T, G, C 4가지 문자로 구성되는데, 사람의 세포 하나하나에 들어 있는 문자가 무려 3,000,000,000(30억)자나 된다고 해. 엄청나게 길지?

박사님이 대학생일 때는 인터넷 사이트에 회원 가입을 하려면 4자리 숫자로만 비밀번호를 만들었어. 하하, 옛날 사람이라고? 당

ATCGGCGTAAGATTGCCATCCGCG

시에는 4자리 숫자만으로도 다른 사람과 분별이 가능했던 거지. 갈수록 보안 문제가 커지고, 인터넷 사용자가 전 세계적으로 늘어나면서 훨씬 더 복잡해졌어. 지금은 게임 사이트라도 가입하려 하면 비밀번호에 숫자와 영문 조합 8자 이상, 특수 기호 포함, 가끔 영어 대문자도 포함하라고 하지? 하도 복잡해져서 비밀번호를 기억해 주는 프로그램까지 등장했다더구나. 이게 다 이용자끼리 서로 겹치지 않는 정보를 만들기 위해서야. 마찬가지로 DNA의 화학 물질도 다른 사람들과 서로 겹치지 않도록 자기만의 서열을 만들어 줄을 서. 이것을 'DNA 서열'이라고 한단다. 어렵지 않지?

DNA의 구조가 이중 나선 구조라고 했던 거 기억하지? 여기서 '이중'이라는 말은 DNA가 두 가닥으로 이루어진 것을 말하고, '나선'이라는 말은 이 두 가닥이 꼬여 있는 것을 말해. ATGCGCAGTCGGAGC… 이렇게 30억 자로 이어진 아주 긴 DNA 한 가닥에 또 다른 한 가닥이 나란히 연결되는데 아무렇게나 연결되는 것이 아니라 A, T, G, C가 짝꿍을 이루어 연결돼. A는 꼭 T하고만 결합하고, G는 C하고만 결합하지. 만약 한 가닥의 첫 번째 문자가 A라면, 다른 가닥의 첫 번째 문자는 A와 짝꿍인 T가 되는 식이야. 기다란 두 가닥은 짝꿍끼리 끌어당겨 마치 사다리 모양처럼 보이도록 결합이 돼.

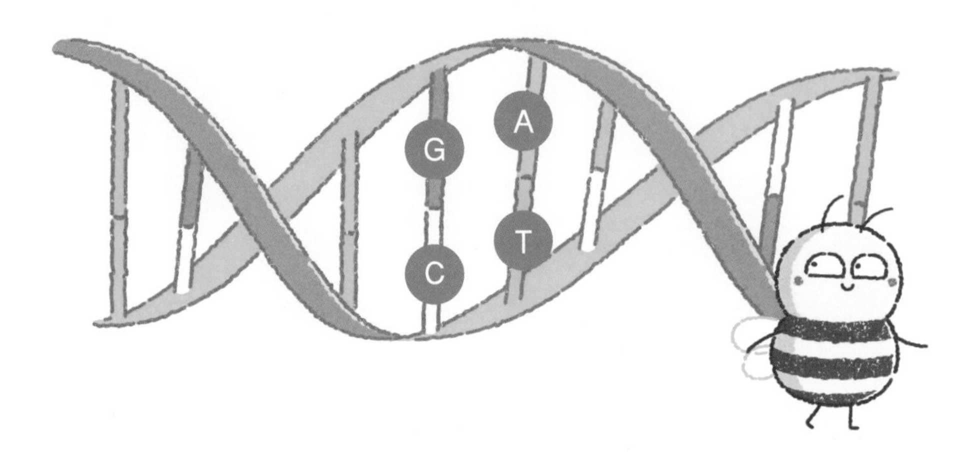

조금 더 쉽게 설명해 볼까? 네 반에는 남자아이와 여자아이가 몇 명씩 있니? 박사님 아들 반은 정확히 반이 남자아이, 반은 여자아이라고 하더구나. 교실에서 남자아이와 여자아이 한 명씩 서로 짝꿍이 되도록 정했다고 해 보자. 어느 날 선생님이 남자아이들 먼저 운동장에 나가 한 줄로 서라고 했어. 그리고 여자아이들에게는 짝꿍 옆에 한 줄로 서라고 했지. 그랬는데 여자아이들이 평소 자기가 짝사랑하던 친구 옆에 서면 될까? 아니지? 원하지 않아도 원래 정해진 짝꿍 옆에 서야 될 거야. 이렇듯 DNA도 두 문자가 정해진 대로 짝을 이루며 서열을 맞춘다는 이야기야.

잘 이해했는지 한번 볼까? 아래 그림에서 ❶, ❷에 들어갈 DNA 화학 물질 문자는 뭘까? 힌트는 짝꿍이야.

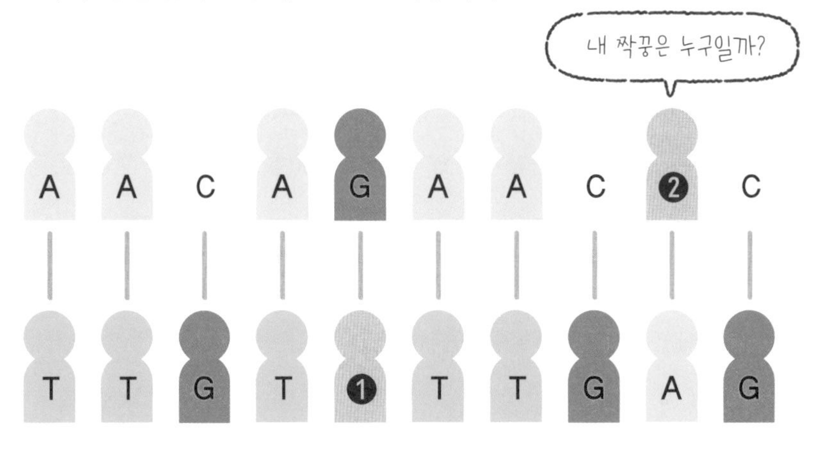

정답 : ❶ C / ❷ T

아까 A, T, G, C의 순서인 DNA 서열은 사람마다 다 다르다고 했잖아. 이러한 서열이 왜 필요할까? 그건 말이지, 이 서열이 생명체를 만드는 설계 암호 같은 기능을 하기 때문이야. 이 암호에 따라 생명체가 만들어진다고나 할까? 혹시 레고 블록 만들기 좋아하니? 박사님 아들은 마인크래프트 레고 만들기를 아주 좋아해. 레고 시리즈를 사면, 그 안의 설계도부터 찾지. 설계도에 따라 레고 조각을 알맞은 위치에 조립하면 완성품이 되잖아. DNA의 서열이 바로 그런 설계도라고 생각하면 돼. 우리 세포는 DNA의 서열을 보고 완성품을 만드는데, 신체 부위에 딱 알맞은 DNA만 발현되는 과정들을 거쳐 완성품인 단백질이 만들어 지는 거야. 그 단백질이 세포가 되어 우리 몸을 구성하지.

사람의 DNA는 여러 구간으로 나눌 수가 있어. 사람을 똑똑하게 만드는 구간, 코를 만드는 구간, 발가락을 만드는 구간, 스트레스 물질을 해독하는 구간, 고기를 분해하는 효소를 만드는 구간 등….

이런 DNA 구간을 '유전자'라고 말해.

레고 설계도 1쪽에는 비행기의 뼈대를 만드는 방법, 2쪽에는 날개, 3쪽에는 꼬리 날개, 4쪽에는 엔진을 만드는 방법이 나와 있다고 생각해 보자. 이 레고 설계도를 우리 몸에 빗대어 보면 한 쪽 한 쪽이 유전자 구간이 되는 거야.

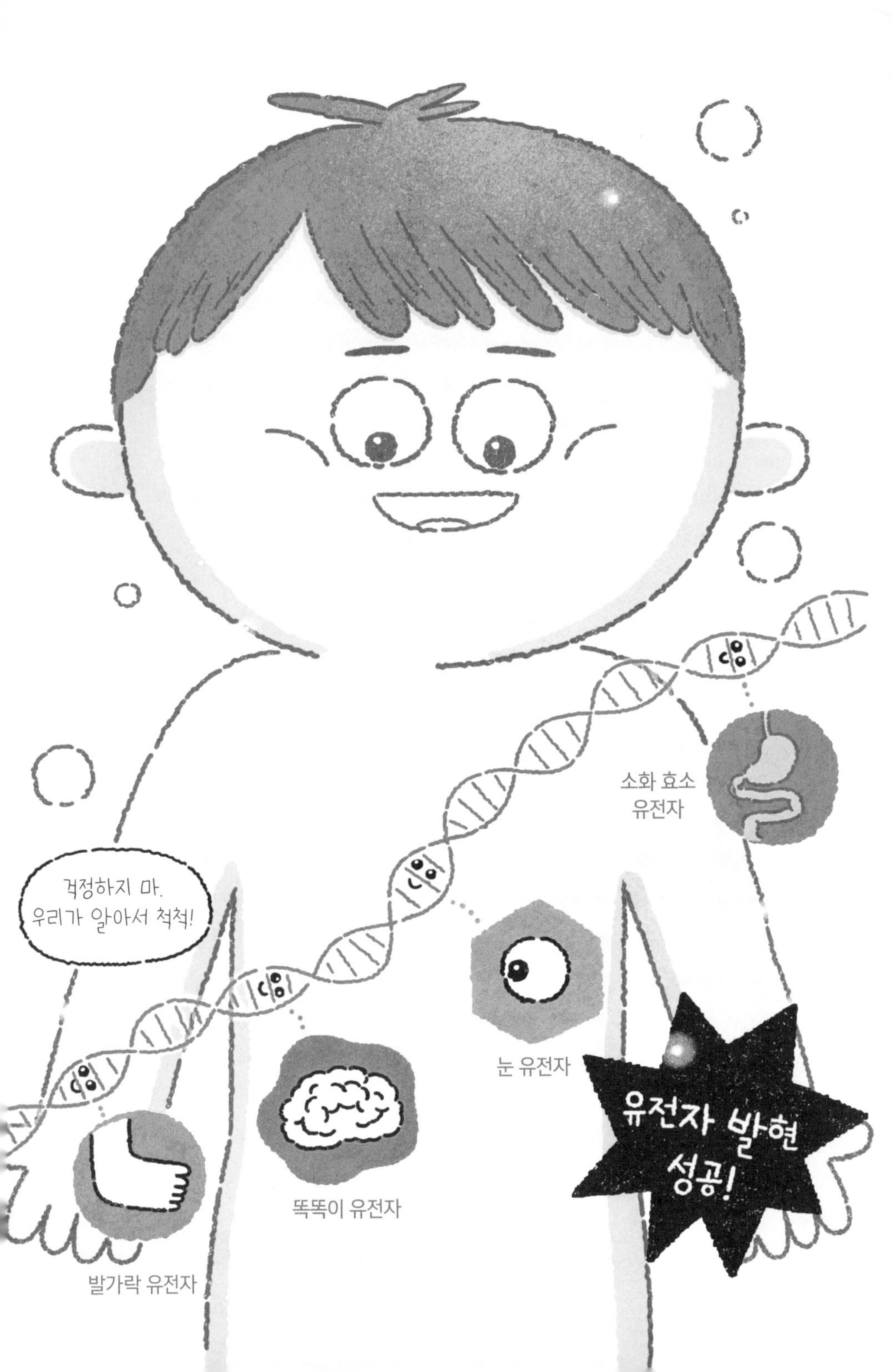
소화 효소
유전자
걱정하지 마.
우리가 알아서 척척!
눈 유전자
유전자 발현
성공!
똑똑이 유전자
발가락 유전자

30억 자나 되니 한 쪽 안에도 수많은 DNA 문자가 들어가겠지? 사람의 DNA에는 4만 개 정도의 유전자 구간이 있다고 하니, 우리의 DNA는 4만 쪽의 설계도를 가지고 있는 셈이야.

DNA 설계도를 따라서 완성품인 단백질을 만들 때 그 양을 많이 만들 수도 있고 적게 만들 수도 있어. 코를 만드는 유전자가 많이 발현되어 코 단백질을 많이 만들면 코가 더 오똑해지고, 발현량이 적으면 코가 납작할 수도 있겠지. 박사님과 박사님의 아들은 둘 다 코 유전자를 가지고 있지만, 아마도 박사님은 코 유전자가 많이 발현되어서 코가 오똑한데, 아들은 아직 발현이 많이 안되어서 코가 납작한 것 같아. 아마도 자라면서 코 유전자의 발현량이 증가하면 코가 박사님처럼 오똑해지겠지?

또 다른 예를 들어 볼게. 사람을 똑똑하게 만드는 DNA가 있다고 해 보자. 그런 DNA라면 너도 갖고 싶다고? 여기까지 이야기를 따라온 걸 보니 이미 가지고 있는 것 같은데? 그 똑똑이 DNA를 의인이도 가지고 있고, 재희도 똑같이 가지고 있어. 그런데 의인이의 똑똑이 DNA는 발현되어서 똑똑이 단백질을 20개나 만들어 냈지만, 재희의 똑똑이 DNA는 발현하지 않아서 똑똑이 단백질을 하나도 만들어 내지 못했어. 그렇다면 누가 더 똑똑할까?

같은 DNA가 있어도 단백질을 더 많이 만들어 낸 쪽이 그 유전자의 특성을 더 많이 나타내. 결국 의인이가 더 똑똑해지는 거지.

DNA가 외모를 구성하는 데만 발현되는 것은 아니야. 우리의 상황이나 환경에 따라 발현되기도 하지. 우리가 아플 때는 몸을 보호하는 DNA가 발현되기도 하고, 스트레스를 받거나 정상적인 상태가 아닐 때는 DNA의 발현으로 만들어지는 단백질 양이 비정상적으로 나타나기도 해. 스트레스를 받을 때 발현되는 DNA가 있다면, DNA를 보고 스트레스를 받고 있다고 짐작할 수도 있겠지?

꿀벌의 DNA도 우리와 마찬가지로 다양한 환경에 맞춰서 반응해. 프랑스에서는 꿀벌의 몸에 피를 빨아 먹는 꿀벌 응애를 붙였더니, 꿀벌 DNA의 발현량이 비정상적으로 나타났다고 발표했어. 어떤 DNA였냐고? 여러 유전자 중 특히 면역과 관련된 DNA의 발현량이 매우 높아졌어. 쉽게 말하자면, 병균이 침입했다고 감지하고 대응하는 데 필요한 DNA의 발현량을 엄청나게 늘린 거야. 우리도 감기에 걸리면 몸이 병균이나 바이러스를 이기기 위해 면역 시스템을 가동하잖아. 열도 나고, 기침도 하고, 가래도 생기고, 콧물도 흐르지. 그때 우리 몸속 DNA를 보면, 면역 DNA가 발현되고 있거든. 말로 아픔을 표현할 수 없는 꿀벌이지만 DNA를 분석해 보면 상태를 확인할 수 있지. 이렇게 과학자들은 DNA 반응 실험을 통해 꿀벌이 아프고 스트레스 받는다는 걸 분명하게 확인했단다.

꿀벌 응애가 데려온 또 다른 불청객

꿀벌 응애에게 당한 꿀벌은 영양분을 모조리 빼앗겨서 정상적으로 자라지 못해. 그런데 꿀벌 응애에 감염된 꿀벌들을 관찰했더니 너무 안타까운 모습이 발견되었어. 다 자란 어른 꿀벌의 날개가 이상한 거야. 예쁘게 쭉쭉 뻗어 있어야 할 꿀벌의 날개가 쭈글쭈글 말리고 접혀서 제대로 날 수 없는 현상이 관찰된 거지. 불청객 꿀벌 응애가 도대체 꿀벌에게 무슨 짓을 저지른 걸까?

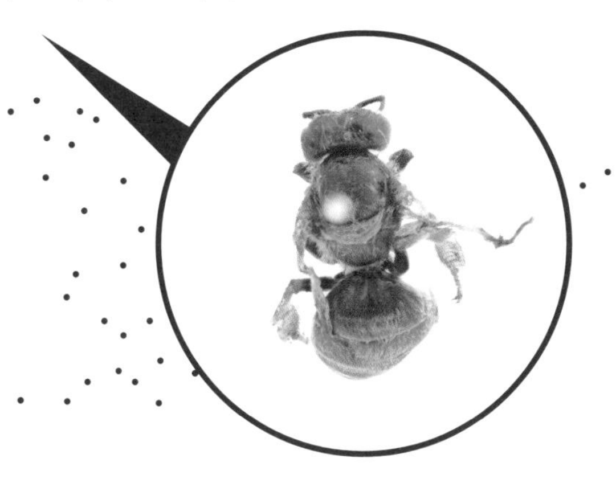

꿀벌 응애들을 심문해 봐도 영양분만 조금 빼앗아 먹은 것뿐이라고 뻔뻔하게 발뺌할 거 같아. 항상 범인들은 그런 식이지. 그래

봤자 소용없어. 모든 것은 DNA가 말해 준다고 했던 말 기억하니? 자, 이제부터 우린 이 꿀벌 응애라는 놈의 DNA를 파헤쳐 꿀벌에게 왜 이런 짓을 저질렀는지, 또 다른 피해를 입힌 건 아닌지 알아볼 거야.

박사님이 서울대학교 연구팀과 함께 우리나라 전국의 꿀벌 응애를 잡아서 DNA를 조사해 보았어. 이제 PCR을 통해 DNA를 증폭시켜 검사한다는 것쯤은 알고 있지? 자, 아래 사진을 한번 봐. 이럴 줄 알았어. 꿀벌 응애 이 녀석들 그냥 영양분만 빼앗아 먹은 게 아니었어.

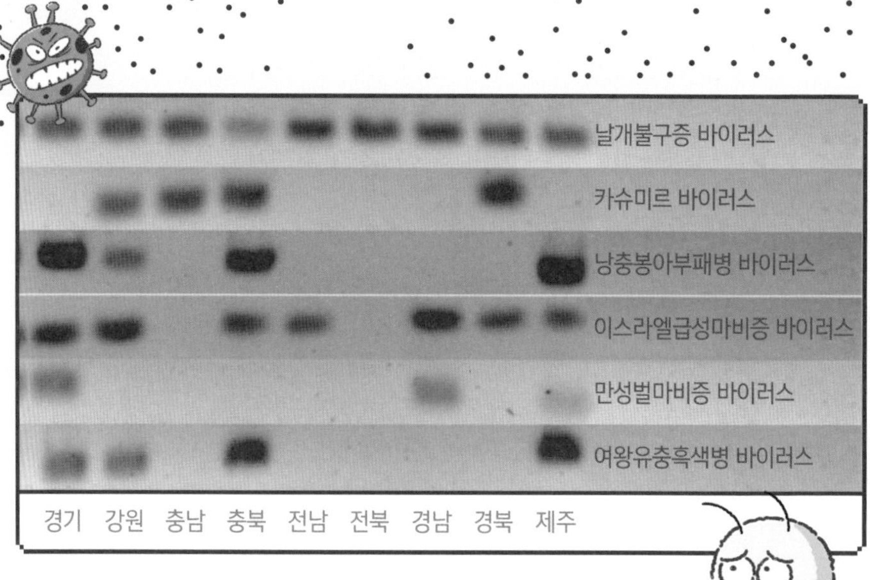

전국에서 잡은 꿀벌 응애 DNA에서 나온 바이러스들이야.
지역별로 온갖 바이러스 DNA가 검출된 게 보이지?

꿀벌 응애한테 있던 DNA를 잘 봐. 바이러스 DNA가 표시된 게 보이지? PCR 결과 첫 줄에 나온 바이러스는 꿀벌의 날개를 불구로 만들어 버리는 꿀벌날개불구증 바이러스 DNA야. 꿀벌의 날개를 쭈글쭈글하게 만들어서 날아다닐 수 없게 하는 무시무시한 바이러스지. 이 바이러스는 전국 곳곳의 꿀벌 응애에게서 발견되었어.

이 결과로 알 수 있듯 꿀벌 응애는 꿀벌의 피를 빨아 먹는 동시에 지니고 있던 바이러스들을 꿀벌의 몸속으로 퍼뜨려. 그냥 피만 빨아 먹어도 엄청난 고통인데, 바이러스까지 침투시킨다니 수법이 아주 교묘하지. 게다가 전국에 퍼진 꿀벌 응애에게서 나온 건 꿀벌날개불구증 바이러스만이 아니었어. 꿀벌 응애 이 녀석들이 꿀벌에게 퍼뜨리는 바이러스가 도대체 몇 가지야!

살충제로 꿀벌 응애를 처리하면 어떨까?

이쯤 되면 꿀벌에게 꿀벌 응애가 얼마나 위험한 존재인지 알겠지? 꿀벌 응애를 이대로 놔둬도 될까? 꿀벌 힘만으로는 꿀벌 응애에게서 벗어나지 못하니 사람이 도와줘야 할 거야. 너는 꿀벌을 도와줄 마음이 있니? 당장이라도 벌집으로 달려가 핀셋으로 꿀벌 응애를 골라내고 싶다고? 그래, 박사님도 너와 같은 마음이야. 하지만 무턱대고 달려들어서 응애를 빼내는 건 영리한 방법이 아닐 거야. 유모벌들이 꿀벌 응애들을 다 빼내지 못하는 것처럼 한계에 부딪히고 말 테니까. 그러니 좀 더 과학적으로 접근해 보자.

어떻게 하면 벌집에서 꿀벌 응애를 몰아낼 수 있을까? 벌집을 좁게 만들면 될까? 꿀벌이 벌집에 들어올 때 공항처럼 수색대를 통과하게 만들면 될까? 이렇게 외부 환경을 바꾸는 방법도 있겠지. 그렇지만 곤충의 세계는 의지를 가진 인간과는 달라서 스스로 환경적인 시스템을 만들어 내기란 쉽진 않아. 본능을 따르는 곤충의 설계도인 DNA에 더욱 집중하는 이유가 여기에 있지. 함께 곤충의 DNA에서 답을 찾아보자.

우리 사람의 DNA 설계도가 약 4만 쪽 정도 된다고 했던 것 기억하지? 그중에 '소듐 채널(나트륨 통로)'이라는 유전자가 있어. 머릿속으로 4만 쪽짜리 설계도 책에서 '소듐 채널'이 나오는 쪽을 펼쳤다고 상상해 봐.

소듐 채널은 우리도 가지고 있고, 강아지도 가지고 있고, 꿀벌도, 꿀벌 응애도 모두 가지고 있는 중요한 유전자야. 여기서 소듐(Na+)은 전기를 가지고 있는 원소야. 마치 포켓몬의 전기 타입과 비슷하다고나 할까? 네가 혹시 원소 주기율표를 알고 있다면, 맞아! 원소 주기율표에 나오는 바로 그 소듐을 말하는 거야.

소듐 채널은 소듐이 신경 세포 안으로 들어가는 통로 같은 곳이야. 우리 신경 세포를 전구라고 상상해 보자. 소듐 채널 문이 열리면 전기 타입의 소듐이 신경 세포로 들어오고, 마치 전구가 켜지는 것처럼 신경 세포도 지지직 켜지는 거지.

그러다 신경 세포가 휴식을 취해야 할 때는 소듐 채널을 닫아서 소듐이 더 이상 신경 세포 안으로 들어오지 못하게 해. 신경 세포도 꺼진 상태가 되는 거지.

우리처럼 신경이 있는 동물들은 모두 이 소듐 채널을 열었다 닫았다 하면서 신경 세포를 켰다 껐다 해. 그렇게 신경 전달을 조절하는 거란다.

그런데 살충제 중에 소듐 채널에 달라 붙어서 소듐 채널이 닫히지 않게 막아 버리는 게 있어. 국화에서 성분을 얻어 낸 이 살충제에 노출되면 신경 세포가 쉬어야 할 때도 문이 고장난 것처럼 소듐 채널이 닫히질 않아. 열린 문으로 소듐이 계속 신경 세포 안으로 들어와서 신경 세포를 계속 켜 놓게 만들지. 그러면 신경 세포는 견디다 못해 죽어 버려. 마치 강한 전기가 계속 공급되면 전구가 퍽 하고 터지는 것처럼 말이야.

꿀벌 응애도 소듐 채널을 가지고 있어. 혹시 꿀벌 응애의 소듐 채널이 닫히지 않게 만드는 살충제를 쓰면 어떨까 생각했니? 축하해. 그 기대대로 꿀벌 응애를 죽일 수 있는 살충제가 만들어졌거든. 살충제를 뿌려 주기만 하면 숨어 있는 꿀벌 응애들까지 모두 죽어서 후드둑 털어 낼 수 있게 되었어.

꿀벌을 키워 꿀을 얻는 양봉가들도 이 살충제가 나왔을 때 정말 기뻐했단다. 너도 기쁘다고? 그래, "그렇게 꿀벌 응애를 모두 제거할 수 있었습니다!"라는 해피 엔딩을 전할 수 있다면 정말 좋겠어. 하지만 꿀벌 응애와 꿀벌 응애의 DNA는 또 다시 생존하게 되었어.

정상적으로 자극되는 신경 세포의 모습

정상적으로 쉬는 신경 세포의 모습

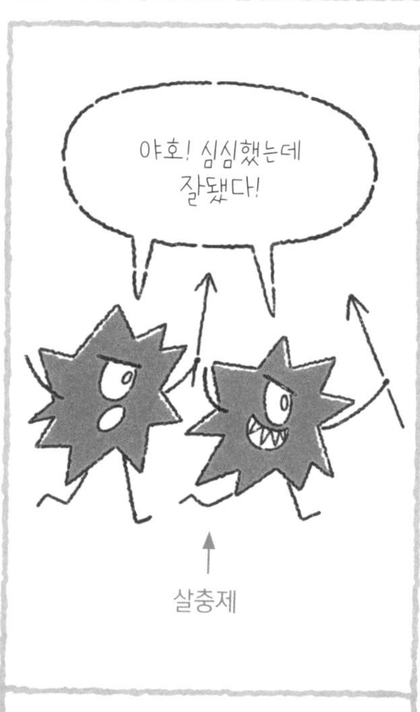

소듐 채널 작동을 막는 살충제

강한 자극을 견디지 못하는 신경 세포

살충제가 통하지 않는 돌연변이가 나타났어!

한번 꿀벌 응애의 DNA를 살펴볼까? 앞에서 DNA는 A, T, G, C 4개의 문자로 구성되어 있다고 했던 것 기억하니? MBTI랑 헷갈리지 말라고 했던 것 말이야! 아래 나오는 A와 B 두 박스를 봐 봐.

꿀벌 응애의 소듐 채널 DNA 서열

A는 살충제가 통하는 일반 꿀벌 응애의 소듐 채널 유전자 서열이고, B는 살충제를 뿌려도 죽지 않는 꿀벌 응애의 서열이야.

자, 지금부터 우리는 '다른 그림 찾기'를 해 볼 거야. 눈을 떼지 말고 두 소듐 채널 DNA 서열의 서로 다른 곳을 찾아봐. 시작!

찾았니? 박사님 아들은 7초 만에 찾았다고 하는 걸 보니, 너도 금방 찾았을 것 같아. 눈이 너무 아프지? 실제로는 이보다 훨씬 더 긴 문자로 구성되어 있으니, 눈으로 다른 곳을 찾아내기는 쉽지 않아. 그래서 과학자들은 컴퓨터 프로그램을 이용해서 분석한단다.

돌연변이 꿀벌 응애의 소듐 채널 DNA 서열 **B**

CGTTCATTTCGACTTTTGAGAGTCT
TCAAACTAGCCAAGTCATGGCCAA
CGTTGAATCTACTGATATCTATCAT
GGGCAAGACGATAGGAGCTATAGG
TAACCTGACCTTTGTGTTGGGAATT
ATCATCTTCATTTTCGCCGTTATGG
GCATGCAACTTTTCGGCAAGAACTATC

다른 곳이 어디였어? 아래에 빨간색으로 표시한 부분을 발견했다면 맞아. 살충제에 잘 죽는 꿀벌 응애와 살충제를 뿌려도 죽지 않는 꿀벌 응애의 DNA 서열을 분석해 보니, 이 빨간 부분의 DNA 서열이 다르게 나타난다는 것을 발견했지.

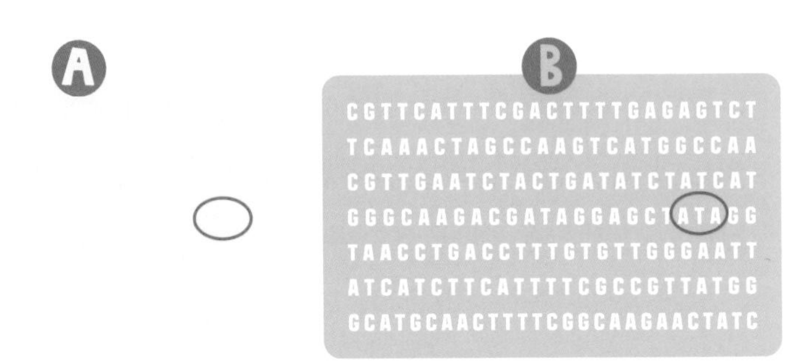

빨간색으로 표시한 부분을 다시 한번 볼래? 원래 꿀벌 응애의 DNA의 서열은 C-T-G인데, 살충제에 노출된 후에는 이 부분이 A-T-A로 바뀌어 버렸어. 서열이 바뀌어도 괜찮냐고? 아니, 이 부분의 서열이 이렇게 바뀌었다는 건 바로 돌연변이가 일어났다는 뜻이야.

'돌연변이'라는 말 들어 봤니? 돌연변이란 어떤 이유 때문에 원래 아빠 엄마한테서 받은 유전자에는 없던 DNA 서열에 변화가 나타나고, 이후에는 자손에게까지 유전되는 현상이야. 쉽게 말하면 꿀벌 응애는 살충제 때문에 원래 가지고 있던 유전자 정보가 바뀌었고 아예 다른 녀석으로 변해 버렸어.

슈퍼 울트라 파워 응애에게 고통받는 꿀벌

우리의 환영을 받으며 등장했던 꿀벌 응애 살충제는 꿀벌 응애의 소듐 채널에 딱 달라붙어 신경 신호를 고장 내서 신경 세포도 죽이고 끝내 응애도 처리하는 원리였어.

그런데, 어느 날 돌연변이가 일어나 꿀벌 응애의 DNA 서열이 바뀌어 버린 거야. 그 바람에 살충제가 소듐 채널에 달라붙을 수 없게 되었어. 꿀벌 응애에게 살충제를 뿌려도 더 이상 죽지 않게 되었지. 이런 돌연변이는 유전되기 때문에 이후 번식한 응애들도 살충제에 죽지 않고 거뜬히 견뎌 내는 그야말로 '슈퍼 울트라 파워 응애'가 되어 버렸어. 아주 끈질긴 녀석이지.

돌연변이 꿀벌 응애에게 시달릴 꿀벌들을 생각해 보렴. 그 스트레스가 얼마나 클지 예상이 되지? 박사님도 머리가 지끈지끈 아파 오는 것 같아. 과연, 꿀벌들은 이렇게 스트레스 받는 집에 다시 돌아와서 응애와 살고 싶을까?

전국의 꿀벌 응애 DNA를 파헤쳐 조사해 보았더니, 우리나라 전국에 이 돌연변이가 퍼져 있었어. 이를 몰랐던 양봉가들은 살충제를 뿌려도 꿀벌 응애가 잘 안 죽으니, 꿀벌을 보호하려고 더 많은 살충제를 뿌렸지. 그렇지만 이미 돌연변이가 일어난 꿀벌 응애들은 끄떡도 없었던 거야.

그렇게 계속해서 살충제의 양을 늘리다 보니 어느 순간 오히려 꿀벌이 살충제 때문에 건강이 약해지는 일마저 벌어졌어. 과학자들은 돌연변이를 일으킨 꿀벌 응애들이 살충제로 건강이 약해진 꿀벌들에게 바이러스를 퍼뜨리며 무참히 질병 공격을 가했고, 더 이상 버틸 힘이 사라진 꿀벌들이 대량으로 죽어 버리는 참사가 일어난 것이 아닐까 판단하고 있어. 그래서 현재 우리나라 정부에서는 꿀벌 실종 사건의 가장 주요한 원인으로 꿀벌 응애를 주목하고,

꿀벌 응애를 막기 위해 많은 노력을 하고 있단다.

이 연구 결과로 꿀벌 응애 소듐 채널 마비 살충제는 효과가 없다는 게 검증되었기 때문에 더 이상 우리나라에서는 이 살충제를 사용하지 않아. 대신 소듐 채널이 아니라 다른 DNA의 기능을 마비시키는 살충제를 사용하도록 권해서 완전하지는 않지만 조금이나마 꿀벌 응애를 없애는 데 도움을 주고 있단다. 그치만 그 살충제도 꿀벌 응애가 또 다른 돌연변이를 만들어 내면 소용 없으니 돌연변이 발생에 관한 관찰과 연구를 이어 나가야겠지?

지금까지 꿀벌 실종 사건의 두 번째 용의자인 꿀벌 응애를 만나 봤어. 어때? 여태 만난 용의자 모두 꿀벌의 건강을 해치고, 꿀벌을 사라지게 한 주범인 것 같지 않니? 그렇지만 사건의 진실을 밝히기 위해 우린 여기서 멈추지 않을 거야. 꿀벌이 살고 있는 복잡한 환경에서 또 다른 용의자는 없는지 더 수색해 보자!

PHOTOS

FILES
GO!

조용한 킬러, 살충제

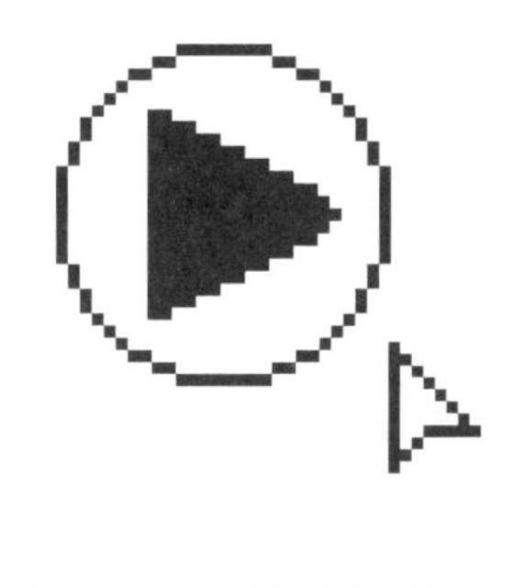

살충제 세상에 살고 있는 꿀벌

꿀벌 응애가 꿀벌에게 주는 피해가 정말 엄청났지? 꿀벌 응애 살충제가 나타나 기쁜 것도 잠시, 그마저도 끄떡없는 '슈퍼 울트라 파워 응애'로 진화해 버리다니 참 걱정스러운 일이야.

스페인에서 스페인 양봉 농가를 조사한 결과, 75퍼센트가 넘는 농가의 꿀벌, 벌집, 밀랍, 벌집 안 꽃가루에서 꿀벌 응애 살충제가 검출되었다고 해. 꿀벌 응애를 죽이기 위해 살충제를 많이 썼을 테니 이런 결과가 당연하다고 생각할 수 있어. 그런데 벌통 안에서 발견된 것은 응애용 살충제만이 아니었어.

잠시 사람들이 마트에서 과일을 고르는 모습을 떠올려 볼래? 사과 하나를 살 때도 아무거나 고르지 않고 벌레 먹은 곳은 없는지, 햇빛을 골고루 받아 색깔이 예쁜지 살펴보느라 꽤 오랜 시간이 걸리지. 그렇게 우리는 흠집 없는 좋은 상품을 구매하려고 해. 이런 소비자들을 위해 과일이나 채소를 상품으로 내놓는 농부들은 살충제를 뿌릴 수밖에 없어. 그러지 않으면 달콤하고 아삭한 과일이 채 익기도 전에 곤충들이 먹어 치워 상품 가치가 떨어져 버릴 테니까.

그럼, 우리가 살충제를 먹는 거 아니냐고? 살충제를 비롯한 농약은 쉽게 분해되기도 하고, 나라에서 채소나 과일에 남는 농약 수치를 미리 검사하고 판매해. 과일이나 채소를 물에 잘 씻어 먹으면 사람이 먹는 데는 문제가 없으니 걱정하지 마. 진짜 문제는 분해되어 사라졌어야 할 농약이 사라지지 않고 꿀벌, 꽃가루, 꿀, 벌집 안의 밀랍에서까지 떡하니 발견되었다는 사실이지.

팔레스타인에서 어마어마한 양의 전 세계 논문을 분석해 보니, 27개 나라의 꿀에서 무려 92종류의 농약이 검출되었다고 하는구나.

우리나라에서 활발하게 꿀벌 연구를 하고 있는 안동대학교 연구팀도 사과와 배 과수원에 가져다 놓은 꿀벌과 꽃가루, 밀랍, 꿀에서 총 99종류의 농약이 검출되었다는 보고를 냈어. 특히, 살아 있는 꿀벌보다 죽은 꿀벌에게서 농약 농도가 더 높게 나타난다는 것을 알아냈지. 그리고 농약 농도가 더 높게 나온 과수원에서 죽은 꿀벌이 더 많이 관찰된다는 것을 밝혀내어 과수원에 뿌린 농약이 꿀벌 집단을 약하게 만든 원인일 수 있다는 근거를 제시했어.

꿀벌이 살충제에 노출되는 과정

꿀벌 응애 살충제는 직접 벌집에 뿌려서 사용할 수도 있고, 약이 묻은 제품을 벌집에 넣어서 사용할 수도 있어. 그러니 벌집 안에서 살충제가 발견된 것은 크게 이상한 일이 아니겠지? 그런데, 양봉 농가에서 사용하지도 않은 다른 농약들은 어떻게 벌집 안으로 들어오게 된 걸까? 이 결과가 어떤 과정을 거쳐서 나온 건지 한번 과학자의 눈으로 분석해 보자.

가장 쉽게 예상하면 과수원 이나 논, 밭에 농약을 뿌리면 거기 있던 꽃에도 닿을 테지. 그러면 꿀을 따기 위해 날아든 꿀벌들에게 농약이 묻거나, 농약이 묻은 꽃가루를 집으로 가져가서 벌집 안으로 농약이 들어가게 될 거야.

과수원이나 논처럼 비교적 넓지 않은 공간에는 농부들이 직접 농약을 뿌리기도 하지만, 산처럼 넓은 공간에 다량의 농약을 뿌려야 할 때는 농약 살포 비행기나 헬리콥터를 이용하기도 하지.

우리나라는 소나무의 에이즈라고 불리는 '소나무재선충'을 죽이기 위해 공중에서 살충제를 뿌렸어. '항공 방제'라고 하지. 죽어가는 소나무를 살리기 위해 매우 중요한 일이기는 하지만, 항공 방제의 문제는 해충이 있는 나무만 선택해서 살충제를 뿌릴 수 없다는 거야. 공중에서 살충제를 뿌리다 보면, 의도하지 않게 숲속에서 양봉하던 벌통에 뿌려질 수 있어. 살충제가 바람에 날려 근처 벌통까지 날아들 수도 있지. 이로 인해 꿀벌이 집단으로 죽는 일이 발생하기도 해. 게다가 야생 꽃에도 무분별하게 살충제가 떨어지니 꽃의 꿀을 따는 꿀벌들에게는 아주 치명적이야. 이런 일로 법적 분쟁까지 발생하기도 해. 이처럼 항공 방제가 양봉에 치명적일 수 있다는 전문가들의 판단에 따라 2023년에 우리나라에서는 항공 방제를 하지 않기로 결정했어.

예전에 시골에 가면 농부들이 큰 가방 같은 농약 통을 매고 논에 살충제를 뿌리는 모습을 어렵지 않게 볼 수 있었어. 그런데 기술이 발달하다 보니, 살충제를 뿌리는 방법도 많이 발전했어. 네 주변에도 드론을 가지고 있는 친구가 있니? 요즘 나오는 뉴스나 다큐멘터리를 보면 드론을 이용해서 물건을 배달하더구나. 택시 드론이 하늘을 날아다니는 SF 영화에서나 볼 법한 일이 머지 않은 것 같아. 이미 드론을 이용해서 논과 밭에 살충제를 뿌리는 모습은 어렵지 않게 볼 수 있어. 그런데 드론을 이용해도 살충제가 바람에 날려. 항공 방제보다 훨씬 적은 양이지만 근처 양봉장에 피해를 줄 수도 있고, 주변 야생 풀과 꽃에 살충제가 묻는 것을 완전히 피하지는 못한단다.

농약은 물에 잘 씻겨 내려간다고 했지? 그럼, 과수원, 논과 밭 그리고 산에 뿌려진 농약은 비가 오면 어떻게 될까? 농약이 비에 씻겨 하천으로 섞여 들어가겠지? 농약이 섞인 하천이나 논에 있는 물을 꿀벌이 마신다면 그 꿀벌도 농약에 노출될 거야.

꿀벌도 물을 마시냐고? 당연하지. 전국 곳곳을 방문해 보면 양봉 농가 근처에는 대부분 논이 있어. 열심히 날아다니느라 목이 마른 꿀벌들이 논물을 마시는 모습도 종종 관찰할 수 있단다.

또 더운 여름날에는 꿀벌들이 주변에서 물을 길어다가 집 안에 뿌리기도 해. 날갯짓으로 물을 증발시켜 실내 온도를 낮추는 거지. 운동장에서 신나게 뛰어놀고 난 후, 세수를 하고 벤치에 앉았을 때를 떠올려 봐. 바람이 살랑살랑 불 때 얼굴의 물이 증발되면서 시원해졌지? 꿀벌도 비슷한 원리로 더운 여름에 실내 온도를 낮추는 거야. 집을 시원하게 하려고 열심히 물을 가지고 왔는데, 물이 살충제에 오염되어 있으면 어떨까? 자신도 모르게 살충제를 집 안 구석구석에 뿌리는 거지.

꿀벌의 보금자리까지 들어온 살충제

잠깐, 밀랍에서도 살충제 성분이 발견되었다고 했지? 밀랍은 일벌이 밖에서 채집해 온 물질이 아니야. 아직 바깥 활동을 한 경험이 없는 유모벌의 배에서 만들어지는 기름 성분의 물질이거든. 그런 밀랍에서 어떻게 살충제 성분이 발견된 걸까?

혹시 수채화 물감을 써 본 적 있니? 색이 너무 진해서 조금 더 연한 색을 만들려고 할 때는 어떻게 하지? 물감에 물을 섞어서 색의 농도를 연하게 만들어 줬을 거야. 수채화 물감은 물에 잘 녹고, 물과 잘 섞이는 성분으로 만들어져서 가능한 일이지. 유화 물감은 물이 아니라 기름과 잘 섞이도록 만들어졌기 때문에 기름으로 녹여 가며 그림을 그려. 꿀벌 응애와 같은 곤충의 표면도 기름으로 덮여 있어. 바퀴벌레의 까만 몸 표면이 반짝반짝 윤이 나는 걸 본 적 있니? 바로 표면이 기름 성분이기 때문이란다.

그렇다면 이 곤충을 죽이기 위해 만든 살충제는 물과 잘 섞이게 만들어졌을까, 아니면 기름과 잘 섞이게 만들어졌을까? 그래, 맞아. 기름과 잘 섞여야 곤충 몸속에 잘 침투하겠지. 그러니까 벌집이 살충제에 조금만 오염되어도 거의 기름으로 이루어진 밀랍까지 스며드는 건 시간문제라고 볼 수 있어. 국립농업과학원의 연구에 의하면 어른벌레보다 애벌레가 살충제에 더 민감하다고 해. 우리도 어른들보다는 아이들이 질병이나 오염 물질에 더 약하잖아. 밀랍으로 만들어진 아기방에 살충제가 스며들었다면, 그 방에서 자라고 있는 애벌레들은 당연히 살충제에 노출될 수밖에 없겠지?

이렇게 다양한 경로로 스며든 살충제가 이미 벌집 안에서 90가지 넘게 발견되었다고 하니, 이건 조금 오염된 수준이 아니라 아예 꿀벌이 살충제 세상에 살고 있다고 해도 과언이 아닌 것 같아. 그렇다면 꿀벌들이 살충제에 노출되면 어떤 일이 생기는 걸까?

살충제 때문에 꿀벌이 이상해졌어!

살충제는 해충이나 곤충을 죽이는 물질이야. 그리고 많은 종류의 살충제가 곤충의 신경에 영향을 주는 독성 물질이지. 우리는 해충을 죽이기 위해 살충제를 뿌리지만, 잘못하면 꿀벌을 죽일 수도 있어. 그래서 시골 농가나 과수원에서 농약이나 살충제를 뿌릴 때는 주변 양봉 농가들에 미리 알린단다. 벌통을 멀리 이동시키거나 잠시 덮어 두라고 하지. 그러나 그런 대처가 올바로 이루어지지 못할 때가 많고, 조금만 방심해도 꿀벌들이 목숨을 잃기도 해.

그런데 이렇게 살충제를 뿌리기 시작한 것이 최근의 일은 아니잖아. 반면 꿀벌 실종 사건은 최근에 일어난 사건이란 말이야. 그리고 희한하게도 살충제로 죽은 벌들에게서 나타나는 특징이 한 가지 있는데, 바로 혀를 내밀고 죽는다는 거야. 그래서 죽은 꿀벌의 모습을 보면 사망 원인이 살충제인지 아닌지 짐작해 볼 수 있지. 그런데 이번 꿀벌 실종 사건에서는 혀를 내밀고 죽은 꿀벌의 시체는커녕 아무 흔적도 없이 꿀벌들이 사라져 버렸단 말이지. 그렇다면 살충제는 꿀벌 실종 사건의 범인이 아닌 걸까?

과학자들도 이런 이유로 처음에는 꿀벌 실종 사건과 살충제가 크게 연관 있을 거라 여기지 않았어. 그런데, 꿀벌들이 실종된 즈음부터 사용하기 시작한 살충제가 있다면 어때? 이야기가 달라지겠지. 중요한 단서를 발견한 것 같으니 조금 더 살펴볼까?

전 세계 꿀벌이 집단으로 사라지는 이 미스터리 사건이 일어난 2000년대 초반부터 사용되기 시작한 살충제가 있어. 바로 네오니코티노이드라는 살충제야. 줄여서 '네오닉'이라고 부르자. 사실 과학자들도 이름이 너무 길어서 네오닉이라고 불러. 네오는 새롭다는 뜻이고, 니코틴은 담배의 주요 성분이야. 그래, 맞아. 담배의 성분을 살충제로 사용한다는 말이야. 담배에서 생명체를 죽일 수 있는 무서운 물질이 나온다는 것이니 너는 어른이 된 후라도 절대 담배 피우는 일이 없길 바랄게.

미국과 유럽의 일부 과학자들은 이 살충제와 꿀벌 실종 사건이 아주 중요한 관련이 있을 것이라고 주장하고 있어. 미국 하버드대학교의 연구팀은 이 네오닉의 영향을 파악하기 위해 꿀벌이 죽지 않을 정도로 아주 적은 양의 네오닉을 벌집에 넣는 실험을 했어. 그리고 여름부터 겨울까지 벌통을 조심스럽게 관찰했지. 가을까지는 네오닉에 노출된 벌통이든 네오닉이 없는 벌통이든 큰 차이가 없어 보였어.

그런데 말이야. 한겨울이 되니 갑자기 네오닉을 넣은 벌통의 벌들이 사라지는 거야! 꿀벌이 적은 양의 네오닉에 노출되면 처음에는 괜찮지만, 오랜 시간 노출되면 CCD(꿀벌 집단 붕괴 현상)가 일어날 수 있다는 사실을 실험적으로 증명한 거지. 정말 중요한 결과지? 뭔가 의심으로 갑갑하던 마음에 후련함이 느껴지니?

이 연구 결과가 사건 해결의 열쇠가 되어 줄 수 있을지 조금 더 과학적으로 접근해 보자. 대부분의 살충제가 그렇듯 네오닉 역시 신경 독성 물질이야. 그래서 과학자들은 네오닉이 꿀벌의 신경 작용에 혼란을 주어 꿀벌들이 이상한 행동을 한 것은 아닌지, 여러 신경 문제를 염두에 두고 연구에 박차를 가하기 시작했어.

네오닉에 감염된 꿀벌들에게서 나타나는 이상 행동은 한두 가지가 아니었어. 지금부터 우리는 그중에서도 치명적인 몇 가지 행동에 대해 좀 더 깊이 살펴볼까 해.

1 일벌의 역할 교란

꿀벌의 일생은 알에서 깨어나며 시작돼. 애벌레에서 번데기가 되고, 어른이 될 준비가 되면 번데기 껍질을 벗고 나와 일벌이 되어 아기방을 졸업하지.

그런데 어른벌레가 되었다고 해도 바로 바깥에 나가 활동하지 않아. 일벌이 되고 처음 21일 동안은 벌집 안에 머물면서 일을 하거든. 그 벌들을 우리는 '내역봉'이라고 불러. 내역봉들은 벌집 안에서 청소를 하고, 로열 젤리를 만들어서 애벌레들과 여왕벌을 먹이고, 꽃밭에서 가지고 온 꿀을 전달받아서 벌집 안에 저장하고, 밀랍을 만들어서 부서진 벌집을 고치거나 새로운 벌집을 만들고, 또 벌집을 침입하는 적을 무찌르는 등의 일들을 맡아서 해. 정말 하는 일이 많지?

그러다 21일이 지나면 조금씩 집 밖으로 나가서 비행 연습을 해. 이제부터 꽃가루와 꿀을 구해 와서 집 안으로 배달하는 역할을 해야 하거든. 이렇게 집 밖으로 나가 일하는 벌이 되면, 이름을 '외역봉'이라고 바꾸어 불러.

참 신기하지 않니? 똑같은 일벌인데 자연스럽게 일부는 집 안에서 일하고, 일부는 집 밖에서 다른 역할을 맡고 있다는 게 말이야. 그리고 21일이라는 나이에 맞춰 내역봉이 외역봉으로 역할을 바꾼다는 것도 정말 신기해. 어떻게 일벌들의 역할이 내역봉에서 외역봉으로 바뀌게 되는지 궁금하지 않니? 무엇 때문일까?

그래, 이번에도 유전자 DNA 때문이야.

아래 그림은 꿀벌 유전자의 발현량을 측정한 그래프야. 여러 나라의 논문을 참고해서 박사님 연구팀이 측정한 결과란다. 4만 쪽짜리 책 기억나니? 박사님은 그 DNA 설계도에 있는 유전자 중에서 두 가지를 뽑아 봤어. 가만히 있지 않고 '돌아다니게 만드는 유전자'와 '학습하고 기억하게 만드는 유전자'야.

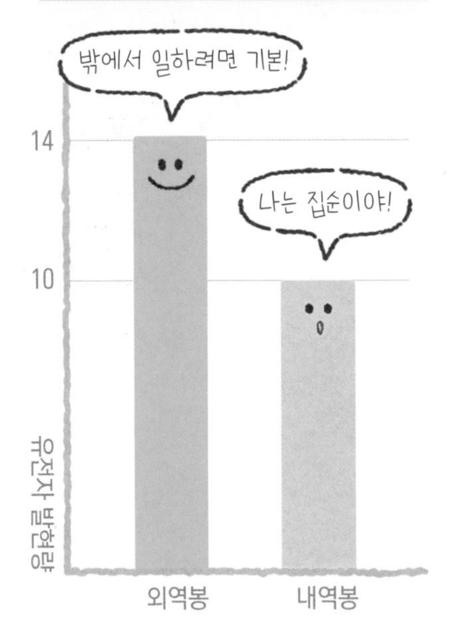

'돌아다니게 만드는 유전자'의 발현량을 봐. 노란색의 내역봉이 10 정도라면, 초록색의 외역봉은 14로 더 많이 발현되는 것으로 보이지?

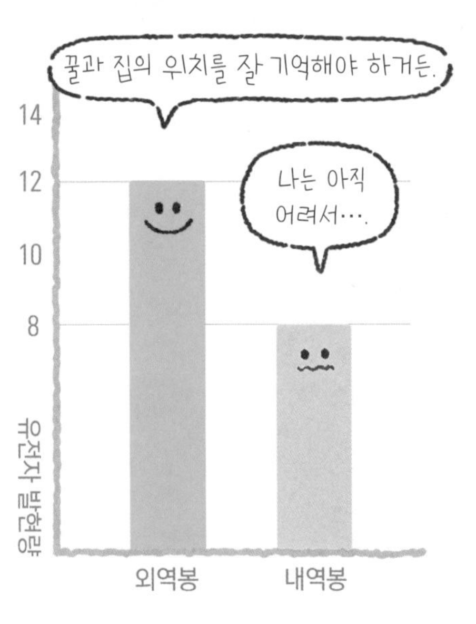

'학습하고 기억하게 만드는 유전자'를 보면 노란색의 내역봉은 8 정도로 발현되는데, 초록색의 외역봉은 12 정도로 더 많이 발현됐어.

자, 한번 짐작해 봐. 각각의 유전자가 내역봉과 외역봉 중 어떤 꿀벌에게서 더 많이 발현될까? 내역봉과 외역봉의 행동을 잘 생각해 보자. 내역봉은 집 안에서 일하고 외역봉은 집 밖에서 여기저기 돌아다니면서 일하니까 '돌아다니게 만드는 유전자'는 내역봉보다는 외역봉에게서 많이 발현되겠지? '학습하고 기억하게 만드는 유전자'의 발현량은 어떨까? 이것 역시 집 안에서만 생활하는 내역봉보다는 먼 거리를 날아가 꿀과 꽃가루를 따서 집으로 되돌아오는 길을 잘 기억해야 하는 외역봉에게서 높게 나타날 거야. 맞아, 이 두 유전자 모두 외역봉에게서 더 많이 발현돼.

독일에서는 내역봉보다 외역봉의 뇌 크기가 더 크다는 발표도 냈어. 아무래도 밖에서 일하는 외역봉이 더 복잡한 환경에 놓이고 더 복잡한 일을 하기 때문에 머리를 많이 써서 뇌의 크기도 큰 것 같구나.

정상적으로 유전자를 발현시킨 일벌들은 이렇게 나이에 따라 맡는 내역봉과 외역봉의 일을 부지런히 수행하며 살아가. 그런데 건강한 꿀벌들이 네오닉 성분을 만나면 어떻게 될까? 오스트레일리아에서 주도한 국제 연구팀의 논문에 의하면, 보통 꿀벌은 어른벌레가 된 지 21일이 되어야 외역봉으로 변하는데, 네오닉을 먹인 꿀벌은 그보다 2~3일이나 일찍 외역봉으로 역할이 바뀌더래. 외역봉의 바깥 활동 시간도 28퍼센트 정도 줄어든 것으로 나타났어.

박사님 연구팀도 얼른 네오닉을 먹인 내역봉의 DNA의 발현량을 확인해 보았지. 이상하게도 내역봉의 '돌아다니게 만드는 유전자'와 '학습하고 기억하게 만드는 유전자'의 발현량이 외역봉보다 더 높아져 있었어. 오스트레일리아 연구팀이 관찰한 현상이 박사님 연구팀의 DNA 실험으로도 증명된 거지.

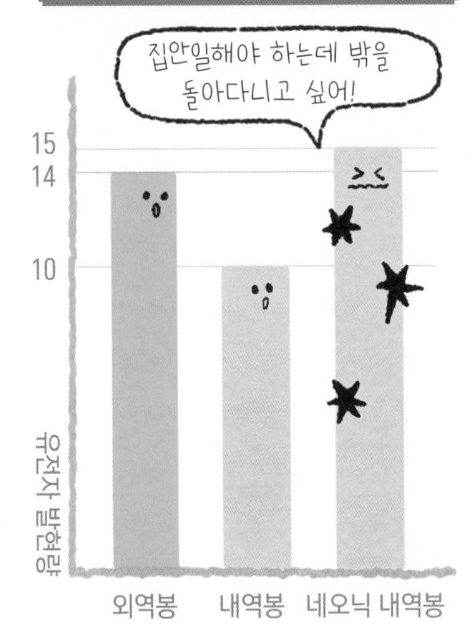

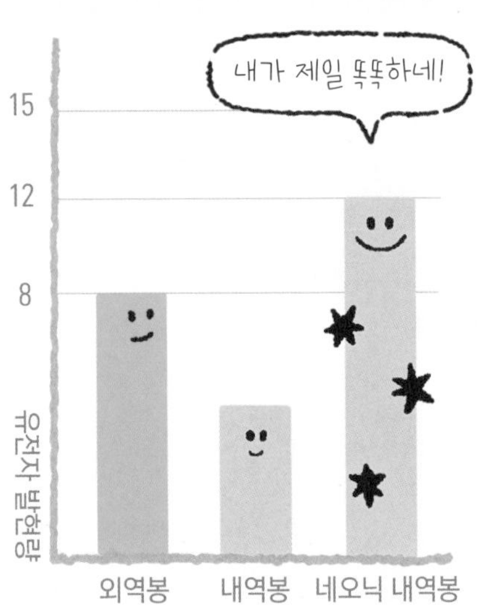

꿀벌에게 네오닉을 먹여서 다시 실험한 결과야. 네오닉을 먹은 내역봉은 두 유전자 발현량이 모두 증가했어. 거의 외역봉의 유전자 발현량만큼이나 많아졌지.

고작 2~3일 먼저 외역봉이 된다고 뭐가 그리 큰 문제냐고? 봄부터 가을까지 보통 40일 남짓을 사는 일벌에게 3일 차이는 크단다. 수명을 100세로 치면 7.5년 정도의 시간이지. 내역봉이 일찍 외역봉으로 변하면, 집 안에서 청소하고 새끼를 키우고 여왕벌을 보좌하는 일은 다 누가 할까? 내역봉의 수가 줄어들면 살림이 엉망이 되는 거야. 이 연구들로 네오닉이 꿀벌의 역할을 헷갈리게 만들어 안정적인 생활을 무너뜨리고, 끝내 꿀벌 무리를 혼란에 빠뜨릴 가능성이 높다는 결론을 내릴 수 있어!

2 8자 춤 교란

네오닉에 감염된 꿀벌들은 자신의 역할에 혼란을 가질 뿐만 아니라, 의사소통 능력에도 문제를 보였어. 꿀벌들도 대화를 하나고? 그럼! 사람처럼 말로 하진 않지만 꿀벌들도 대화를 한단다. 바로 춤으로 말이야. 좋은 꿀이 가득한 꽃밭을 발견하더라도 홀로 그 많은 꿀을 나르기에는 역부족이지. 그럴 때 꿀벌들은 8자 춤을 춰서 동료들에게 이 사실을 알려 줘.

'8자 춤'은 외역봉이 엉덩이를 흔들면서
숫자 8 모양으로 춤을 추는 행동인데,
엉덩이를 흔드는 방향과 각도로
꽃밭의 위치를 알려 주는 거야.

너도 엉덩이가 실룩거린다면 지금부터 잠시 8자 춤을 배워 볼까?

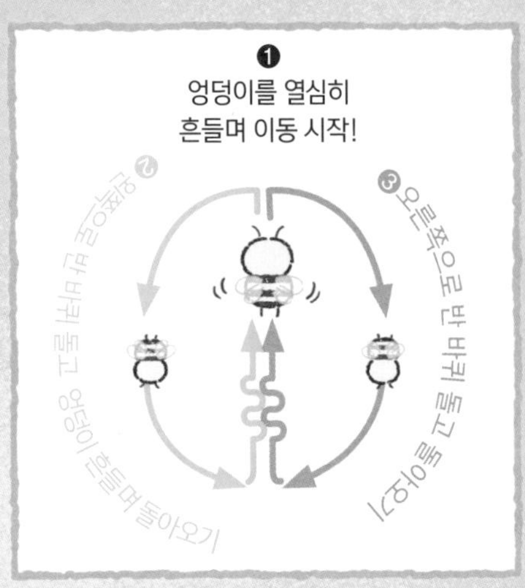

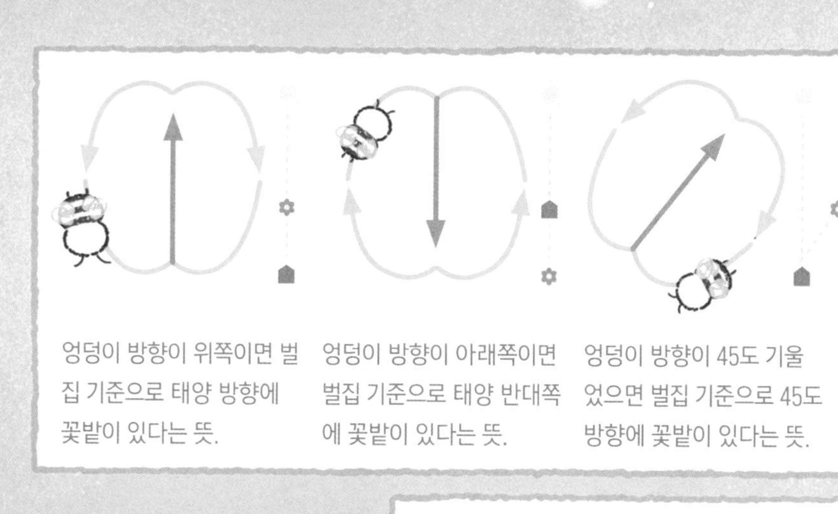

엉덩이 방향이 위쪽이면 벌집 기준으로 태양 방향에 꽃밭이 있다는 뜻.

엉덩이 방향이 아래쪽이면 벌집 기준으로 태양 반대쪽에 꽃밭이 있다는 뜻.

엉덩이 방향이 45도 기울었으면 벌집 기준으로 45도 방향에 꽃밭이 있다는 뜻.

춤을 오래 추면 꽃밭이 멀리 있다는 뜻.
짧게 추면 가까이 있다는 뜻.

동료 꿀벌의 춤을 보고 다른 벌들도 그 꽃밭을 찾아가서 좋은 꿀과 꽃가루를 집으로 가지고 와. 그러고 정말 그 꽃밭이 좋았다면 동료 꿀벌과 똑같이 춤을 춰. 반대로 꽃이 별로 좋지 않았다면 돌아와서 그 춤을 따라 추지 않아. 그러다 보면 꿀벌 집단 전체적으로 좋은 꽃밭을 알려 주는 춤을 함께 추는 벌들이 더 많아지겠지. 좋은 정보를 더 많이 나누는 대화, 멋지지 않니?

꿀벌의 이런 행동을 밝힌 사람은 독일의 프리슈 박사님이셔. 꿀벌의 등에 페인트를 발라서 표시하고, 꿀을 발견했을 때 어떻게 행동하는지 오랜 기간 관찰했다고 해. 그 오랜 연구 끝에 꿀벌이 춤을 춰서 정보를 전한다는 걸 알아낸 거야. 프리슈 박사님은 이 업적으로 1973년에 노벨상을 받으셨어.

그런데 안타깝게도 이렇게 정교한 꿀벌의 8자 춤도 네오닉에 의해 혼란을 겪고 있다고 해. 미국의 연구팀은 외역봉이 네오닉을 먹자 8자 춤을 추는 외역봉의 수가 급격하게 줄었다는 것을 발견했지. 뿐만 아니라 중국의 연구팀은 네오닉에 노출된 외역봉의 8자 춤 각도가 불안정해서 동료들에게 정확한 꽃밭 위치를 전하지 못했다고 했어. 더군다나 네오닉을 섭취한 외역봉은 학습과 기억에 관여하는 유전자의 발현이 크게 줄었다는 사실도 알아냈지.

결국 꿀벌들이 네오닉과 같은 살충제에 노출되면 8자 춤 대화가 잘 이루어지지 못한다는 걸 알 수 있어. 그러면 꿀벌들이 질 좋은 먹이를 충분하게 확보하는 데 아주 큰 문제가 생기는 건 당연한 결과겠지.

3 학습과 기억 능력의 교란

'파블로프의 개' 실험에 대해 들어 본 적이 있니? 개에게 그냥 종소리만 들려주었을 때는 침을 흘리지 않지만, 종소리와 함께 밥을 주는 행위를 여러 번 반복하면 밥을 안 주고 종만 울려도 개가 침을 흘린다는 바로 그 실험이야. 그런데 꿀벌도 이것과 비슷한 반응을 보여. 개처럼 침을 흘리는 대신 꿀벌은 혀를 날름 내밀지. 흥미롭지?

꿀벌이 움직이지 않도록 몸을 고정시켜 놓고, 특정한 향기를 더듬이에 흘려 준 후 달콤한 꿀물을 주는 거야. 그러면 꿀벌은 꿀물을 먹기 위해 혀를 내밀지. 여러 번 반복하면 그 향기를 맡은 뒤에 먹이를 먹을 수 있다고 학습이 돼. 그런 뒤에는 그 향기를 맡기만 해도 꿀벌은 혀를 내밀어. 이 실험을 '혀 내미는 반응 실험(Proboscis extension reflex)', 짧게는 영어 약자로 PER이라고 해. PER 실험은 꿀벌의 학습하고 기억하는 능력이 얼마나 뛰어난지 알아보는 좋은 실험 방법이야.

경북대학교 연구실에서 혀 내미는 반응 실험을 통해 학습과 기억 능력을 측정하는 모습이야. 왼쪽 그림에서 꿀벌에게 꿀물을 주니까 혀를 쭉 내미는 모습이 보이지? 이렇게 꿀물을 주며 특정한 냄새를 학습시킨 뒤, 오른쪽 그림처럼 꿀벌을 잘 고정시키고는 PER 검사를 하는 거야.

똑똑한 꿀벌이지만 네오닉 살충제를 먹으면 정상적인 반응을 하지 못한단다. 네오닉에 노출되니 PER 반응도 눈에 띄게 줄었거든. 스위스 연구팀은 네오닉의 부작용 중 하나로 꿀벌의 장기 기억력이 떨어지는 현상을 발견했어. 중국에서도 네오닉 꿀벌의 뇌에서 냄새 학습에 관여하는 유전자의 발현량이 두드러지게 줄었다고 발표했지. 스위스와 중국의 연구는 네오닉 때문에 꿀벌의 유전자 발현에 문제가 생겨서 PER 반응도 줄었다는 것을 의미해. 또 프랑스 연구팀은 네오닉 뿐만 아니라 다른 종류의 살충제도 꿀벌의 PER 반응을 감소시킨다는 내용을 발표했지.

살충제의 영향으로 PER 반응이 감소했다는 것이 무슨 의미일까? PER은 냄새를 맡고 그 냄새를 기억하는 능력을 알아보는 실험이라는 것을 잘 생각해 보자. 그래, 살충제 때문에 꿀벌의 학습력과 기억력이 나빠졌다는 걸 의미해. 만약 이렇게 기억력이 나빠진 꿀벌이 멀리 꿀을 따러 나갔다면? 이리저리 꽃밭을 찾아다니다가 기억력이 흐려져 집으로 돌아오는 길을 잃었을 수도 있지 않을까?

결국 꿀벌들이 살충제에 노출되면 학습과 기억에 관여하는 유전자가 잘 발현되지 않는다는 것이지. 꿀을 따러 나간 일벌들이 집으로 돌아오지 못하고 실종되었다는 가설이 증명된 셈이야.

4 에너지 생산 능력의 교란

실종 사건의 범인을 쫓느라 쉴 새 없이 달려왔더니 배가 좀 고프구나. 진짜로 달린 건 아니니까 괜찮지 않느냐고? 모르는 소리야. 두뇌를 쓰는 일에도 엄청난 에너지가 필요하단다. 배가 너무 고파서 뛰어놀 힘이 하나도 없었는데, 간식을 먹고 힘이 생겨 다시 나가 놀았던 경험, 한 번쯤은 있지? 우리가 음식을 먹는 중요한 이유 중 하나는 에너지를 얻기 위해서야.

꿀벌도 우리와 마찬가지야. 에너지를 만들어 내기 위해서 음식을 먹지. 꿀벌들이 가장 좋아하는 음식은? 빙고! 바로 꿀이야. 양다리에 가득 꽃가루를 묻히고 먼 거리를 하루에도 셀 수 없이 날아다니는 에너지를 생각해 보면 꿀 안에 영양이 엄청난 것 같아.

꿀벌이 꿀을 먹으면 꿀 안에 있는 영양물질을
꿀벌 속 세포들이 열심히 에너지로 바꿔 줘.
이런 과정을 '대사'라고 해.

생명체에 꼭 필요한 과정이겠지? 그런데 안타깝게도 네오닉이 꿀벌들의 대사도 방해한다는 소식을 전해야겠구나.

미국에서는 네오닉에 노출된 꿀벌은 단백질, 지방, 탄수화물 대사에 문제가 생겨서 몸무게가 줄어든다는 결과가 나왔어. 그 말은 꿀벌이 기껏 먹은 음식조차 에너지 형태로 몸속에 잘 저장되지 않는다는 거야! 또 남아프리카공화국의 연구팀은 꿀벌을 네오닉에 노출시킨 후 설탕물을 주며 PER을 해 보았어. 앞서 살펴본 것처럼 네오닉에 노출된 꿀벌은 PER 반응이 시원치 않았어.

미국과 남아프리카공화국의 두 연구를 종합해 보면, 살충제에 노출된 꿀벌은 달콤한 꿀 냄새도 잘 못 맡고, 그러니까 잘 못 먹고, 잘 못 먹으니까 에너지가 부족해서 잘 못 날고, 꿀과 꽃가루도 나르기 힘들고, 집 청소도 힘들고, 질병이나 꿀벌 응애와 싸워 이길 힘도 없는 거지.

서울대학교 연구팀은 농부들이 실제로 밭에 뿌리는 농도의 네오닉을 꿀벌에 노출시켜 유전자 발현량을 조사해 보았어. 그랬더니 꿀 속에 있는 포도당이라는 중요한 영양분을 흡수해야 에너지를 얻는데, 살충제 때문에 포도당을 흡수하지 못해서 에너지를 만들어 내지 못한다는 걸 알게 되었지. 쉽게 말하면, 꿀벌들이 힘이 없단 얘기야.

서울대 연구팀은 꿀벌이 얼마나 힘이 없는지 과학적으로 관찰하고 싶었어. 그래서 기발한 아이디어를 냈지. 꿀벌의 등에 철사를 붙인 후 막대기에 연결해서 뱅글뱅글 원을 그리면서 비행하도록 장치를 만든 거야. 한 바퀴, 두 바퀴… 몇 바퀴나 돌 수 있을까? 너희도 예상한 바와 같이 정상적인 꿀벌에 비해 네오닉을 먹은 꿀벌들이 비행하는 거리가 훨씬 짧았어.

이 연구 결과를 바탕으로 살충제에 노출된 꿀벌들이 꿀과 꽃가루를 가득 짊어지고 집으로 돌아오던 길에 날갯짓을 할 기운을 잃고 결국에는 집까지 돌아오지 못한 거라는 가능성도 제기됐어.

유력하지만 유일한 용의자는 아니야!

살충제가 꿀벌에게 어떤 영향을 주는지 잘 보았지? 우리가 살펴본 현상 말고도 면역력이 감소하는 현상, 꿀벌 애벌레가 어른 벌로 잘 자라지 못하는 현상, 움직임이 불안정한 현상 등 살충제로 인해 다양한 피해를 입는다는 사실이 계속 드러나고 있어.

특히, 네오닉의 악영향에 대해 수많은 연구 결과가 쏟아져 나왔고, 결국 CCD(꿀벌 집단 붕괴 현상)의 주요한 원인으로 네오닉이 지목되었어. 그래서 유럽에서는 2018년부터 네오닉을 쓰지 못하도록 완전히 금지시켰어. 꿀벌을 보호하는 입장에서는 대단히 환영할 일이지.

그런데 여전히 우리나라에서는 네오닉이 들어간 살충제를 사용하고 있고, 네오닉 외에도 다양한 종류의 살충제가 전 세계적으로 사용되고 있으니 살충제가 꿀벌 실종 사건에 어떤 영향을 주는지 끈기 있게 연구하고 관찰할 필요가 있단다.

질병 유발 삼총사도, 꿀벌 응애도 유력한 범인일 것이라 생각했는데 살충제 역시 만만치 않은 원인을 제공하고 있지? 그렇다고 해서 살충제가 꿀벌 실종 사건의 유일한 범인이라고 말하기도 어려워. 왜냐하면 같은 살충제를 쓰는 지역 안에서도 어떤 양봉장의 벌은 사라지고, 다른 양봉장의 벌은 살아남았거든. 또 다시 미궁으로 빠지는 느낌이라고? 실종 사건의 진짜 범인을 밝혀내기가 쉽지 않지? 과학이라는 것이 원래 쉽게 결론이 나지 않아. 고려해야 할 것들이 매우 많거든. 그럼에도 지금까지 꿀벌 실종 사건의 용의자들을 함께 조사해 준 네가 정말 대단하구나. 멋진 과학자가 될 가능성이 충분한걸? 끝까지 집중력을 잃지 않는 자세를 기대할게.

우리가 살펴본 모든 용의자들이 꿀벌에게 많은 피해를 입혔고, 또 그것이 과학적으로 증명되고 있지만, 과학자는 이미 밝혀진 사실에만 머물지 않고 또 다른 요인은 없는지, 더 깊이 있게 연구할 부분은 없는지 항상 살펴야 하거든.

자 그럼, 우리가 놓쳤을지도 모를 꿀벌 실종 사건의 마지막 용의자를 수색하러 가 볼까?

애고, 힘들다고….
더 이상 못 날겠어!
범인은 바로

PHOTOS

FILES

GO!

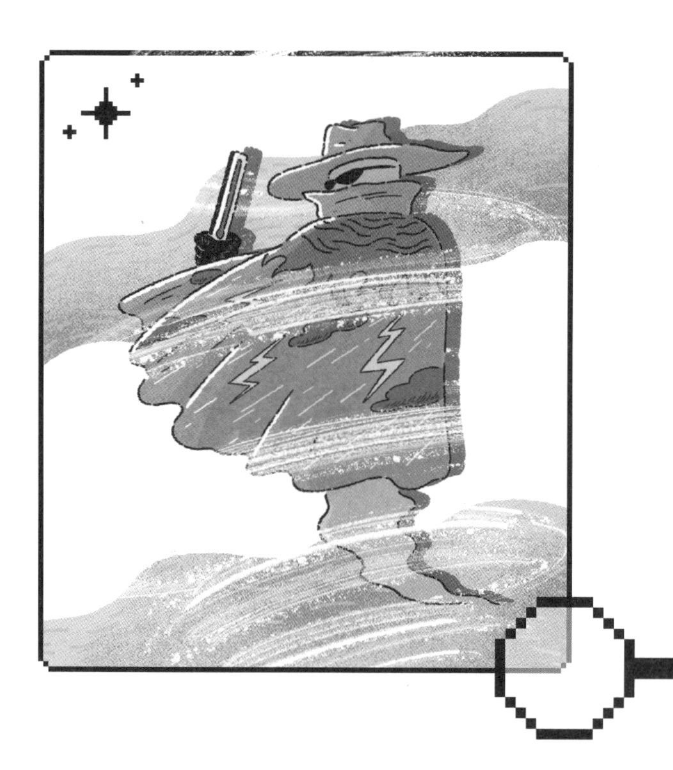

마지막 용의자

OK

최종 보스, 기후 변화

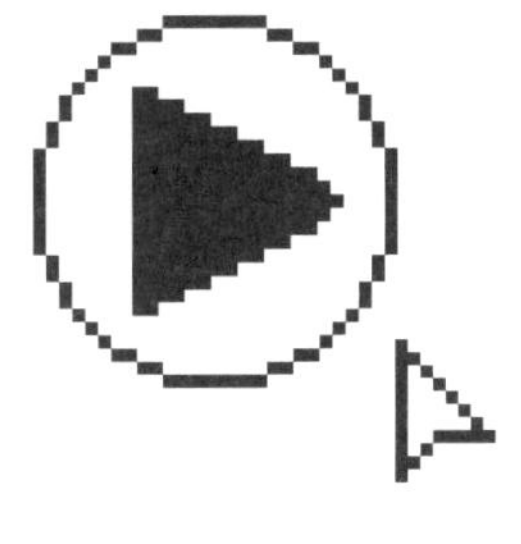

심각한 위기로 다가온 기후 변화

너는 '지구의 기후 변화' 하면 어떤 장면이 가장 먼저 떠오르니? 조각난 작은 빙하 위에 갈 곳 잃은 북극곰이 올라가 있는 모습이 생각날까? 바싹 마른 숲속의 나무들과 하얗게 변해 버린 바닷속 산호들도 떠오른다고? 그래, 아마도 많은 친구들이 지구 온난화 때문에 벌어지는 일들을 가장 먼저 떠올릴 것 같아.

박사님도 지구의 기후가 변하고 있다는 이야기는 많이 들어 왔지만 요즘처럼 계절마다 익숙하던 날씨가 이상하다고 심하게 느낀 적은 없는 것 같아. 그래도 사람은 더우면 에어컨을 더 세게 틀거나, 추우면 보일러를 더 많이 때면서 적정한 환경을 마련할 수 있잖아. 그런데 자연의 변화를 고스란히 느껴야 하는 꿀벌들은 어떨까? 지구 온난화가 심해지면 과연 꿀벌들은 어떻게 생활하게 될까?

우리나라 꿀벌들이 실종된 계절은 겨울이라고 했지. 꿀벌들은 어떻게 겨울을 보낼까? 꿀벌을 비롯한 곤충은 변온 동물이야. 체온을 조절하는 능력이 없어서 우리처럼 체온을 36.5도로 유지하지 않고, 주변의 온도에 따라 체온이 변하지. 기온이 떨어지는 겨울 동안 곤충의 체온도 매우 낮아지기 때문에 매서운 추위를 피해 바위 틈이나 낙엽 아래에서 겨울잠을 자. 꿀벌도 바위틈이나 낙엽 아래에서 겨울을 보내냐고? 아니, 꿀벌은 꿀벌들만의 특별한 방법으로 겨울을 보낸단다. 궁금하지?

꿀벌들은 겨울이 오면 바깥 활동은 하지 않고, 벌집 안에서 그동안 열심히 모아 두었던 꿀을 먹으며 시간을 보내. 그리고 집 안이 추워지지 않도록 서로서로 둥글게 공처럼 모인 채 날개 근육을 움직여서 열을 만들어. 여왕벌을 가운데 두고 그 주변을 수백, 수천 마리의 일벌들이 여러 겹으로 감싸서 쉬지 않고 날개를 들썩이면서 열을 만들지. 그럼 가운데 있는 여왕벌은 아주 따뜻하겠지? 반대로 가장 바깥에 있는 벌들은 아무래도 좀 추울 거야. 그래서 몸이 더워진 꿀벌은 가운데에서 바깥쪽으로 나오고 바깥쪽에 있던 벌들은 조금씩 안으로 들어가며 자리를 교체해. 마치 남극의 펭귄들처럼 말이야.

혹시 겨울에 두터운 점퍼를 입고 놀이터에 나갔다가 열심히 뛰어다니다 보니 너무 더워져서 외투를 벗어 본 경험이 있니? 바로 그것과 비슷한 원리야.

날개 근육을 열심히 움직여 열을 만들고, 힘을 모아 추운 겨울을 이겨 낸다니 대단하지? 그렇다면 기후 변화로 인해 겨울이 따뜻해진다면 어떨까? 굳이 날개로 열을 만들 필요가 없으니 편안하고 여

아, 따뜻해라.
살 것 같네.

유로울 것 같다고? 어떤 과학자들도 지구 온난화로 추운 겨울이 짧아지고, 기온이 높아지면 꿀벌들이 좀 덜 힘들게 겨울을 보낼 거라고 예상하기도 했어. 그런데 오스트레일리아 연구팀은 겨울이 평소보다 따뜻해진 바람에 더 많은 벌이 죽고 말았다는 의외의 연구 결과를 발표했지. 어떻게 된 일일까?

기후 변화도 꿀벌 실종 사건에
주요한 원인인 것은 아닐까?

함께 전 세계 과학자들의 연구를 토대로 찬찬히 살펴보자.

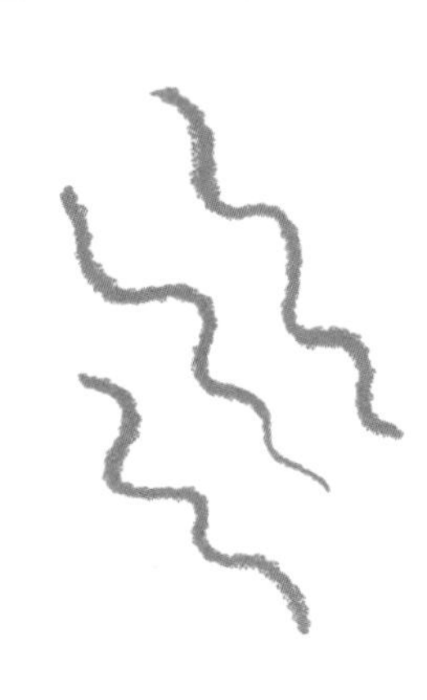

지금은 겨울일까?
꿀벌은 헷갈려

지구는 지금 '지구 온난화'라는 심각한 몸살을 겪는 중이야. 지구가 따뜻해지고 있다는 거지. 기온만 올라가는 게 아니라 여름은 길어지고, 겨울은 짧아지고 있어. 뉴스에서는 100년 만의 무더위가 찾아왔다고 하고, 비가 오지 않아 메마른 논을 걱정하는 농부들의 애절한 눈물을 보여 주기도 해. 최근에는 우리나라도 동남아시아처럼 몇 분 만에 하늘이 갑자기 어두워지면서 소나기가 내리다 뚝 그치는 현상이 나타났어.

우리나라 국가농림기상센터에서는 최근에 나타난 기후 변화가 혹시 꿀벌 실종 사건과 연관 있는 것은 아닌지 연구해 왔어. 2021년부터 2022년 겨울 동안 남쪽 지방에서 꿀벌 실종 사건이 일어났다는 소식을 듣고, 사건이 발생한 전라남도 영암 지역의 가을과 겨울 날씨를 면밀히 살펴봤지. 그랬더니 가을철의 기온이 좀 이상했어.

첫 번째로 나타난 건 '이상 저온' 현상이야. 보통의 가을보다 높은 기온이다가 갑자기 기온이 뚝 떨어지는 현상이지. 날이 더운 줄 알고 반소매 옷을 입고 나갔다가 나중엔 덜덜 떨며 집에 오는 그런 날이지 싶어. 이렇게 평소와 다른 계절 변화가 큰 영향을 미치지 않는 생물들도 있지만, 계절에 따라 생존법마저 다른 꿀벌들에게는 매우 치명적이야.

꿀벌에게 가을은 겨울을 준비해야 하는 아주 중요한 시기야. 추운 겨울을 벌통 안에서 거뜬히 견디려면 날개 근육을 열심히 움직여 열을 만들어야 한다고 했지? 이 일을 맡아 줄 겨울벌들이 필요해. 여름에 태어난 여름벌은 2~3개월 정도밖에 살지 못하기 때문에 그 벌들로 겨울까지 이겨 내기는 어려워. 그런데 늦가을에 태어난 겨울벌은 꽃과 꽃가루를 채집하러 나가지 않기 때문에 길게는 6개월 정도도 살 수 있어. 그렇기 때문에 가을에는 여왕벌이 그 어느 때보다도 열심히 겨울벌이 될 알을 낳아야 하고, 유모벌들은 겨울벌들을 잘 먹여서 길러 내야 한단다.

그런데 가을부터 갑자기 추워지면 바깥 활동을 하며 겨울벌들의 먹이를 준비하는 외역봉들이 활동을 멈추고 말아. 그러면 여왕벌이 열심히 알을 낳더라도 새끼에게 먹일 먹이가 충분하지 않겠지. 먹이가 충분하지 않으니 새끼들이 제대로 자라지도 못할 테고. 벌집 안에 겨울벌이 많아야 서로서로 도우며 조금이라도 쉽게 겨울을 날 수 있는데, 적은 겨울벌로 겨울을 맞이하게 되니 추위를 이겨 내기 쉽지 않았을 거야. 이렇게 기후 변화는 꿀벌에게 생존의 문제로 이어진단다.

그런가 하면 초겨울(11~12월)에는 기온이 갑자기 높아지는 '이상 고온' 현상이 나타났어. 가을은 춥더니 겨울은 이상할 만큼 따뜻하고, 날씨가 아주 난리지? 겨울이 되면 꿀벌들은 겨울벌로 상태를 바꿔. 집 밖으로 한 발짝도 나가지 않는 집순이가 되지. 안에서 살을 찌우고 서로 뭉쳐 열을 내면서 봄까지 살아남을 준비를 해. 그런데 겨울이 너무 따뜻하면 꿀벌들은 아직 겨울이 오지 않았다고 생각할 거야. 그러니 겨울벌이 될 준비도 못하고 뭉치지도 못했겠지? 그 상태로 갑자기 추운 겨울을 보내게 되었다면, 꿀벌 집단이 무사하긴 어려웠을 거라고 봐.

또 하나 특이한 점은 한겨울인데 말도 안 되게 따뜻한 날들이 있었다는 거야. 영하의 날씨도 이상하지 않을 1~2월의 낮 최고 기온이 13도까지 오르는 날이 여러 차례 있었지. 날씨가 달력인 꿀벌들에게는 10도가 넘는 따뜻함에 봄이 왔나 헷갈렸지 않겠니? 실제로 캐나다에서 조사한 바로는 겨울에 12도 이상이 3일간 지속되면 겨울벌은 다시 봄벌로 변신한대. 겨우내 뭉쳐 있던 벌들이 흩어지고, 여왕벌은 알을 낳기 시작하고, 일벌들은 비행을 시작하는 거지. 한겨울의 이상 고온 현상이 겨울벌을 계절보다 이르게 봄벌로 변신시켰을 수도 있겠지?

봄인 줄 알고 먹이를 구하러 밖으로 나간 일벌들은 어떻게 됐을까? 낮 동안은 잘 비행했겠지만, 겨울에는 해가 빨리 지고 기온이 갑자기 뚝 떨어지기 마련이야. 갑작스레 체온이 낮아진 일벌들이 집으로 돌아오지 못했을 가능성도 충분히 있어.

계절의 변화를 알아채도록 하는 DNA도 있을까?

어때, 기후 변화가 꿀벌들이 생존하는 데 무척 큰 영향을 주지? 그런데 꿀벌들은 정말 기온이 달라져서 계절을 헷갈린 걸까? 박사님은 그게 궁금했어. 꿀벌이 계절을 인식하는 DNA를 알아내면 꿀벌의 행동을 좀 더 깊게 이해할 수 있을 것 같았지. 박사님이 연구하는 유전자 중에 '아세틸콜린에스테라아제1(Acetylcholinesterase1)'이라는 유전자가 있어. 이름이 너무 길지? 'Ace1'이라고 불러 볼게.

Ace1 유전자 발현량

1년 동안 꿀벌에게서 확인한 Ace1 유전자 발현량이야. Ace1 유전자가 겨울(12~2월), 그리고 장마철(7월 무렵)에 주로 발현되고 있어. 반면 봄~가을에는 거의 발현되지 않고 있지.

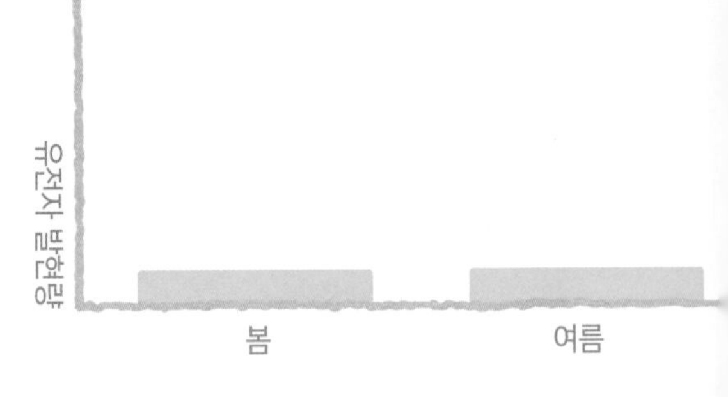

박사님은 Ace1 유전자를 서울대학교 연구팀과 함께 1년 동안 조사해 보았어. 그 결과, 겨울철과 여름 장마철에 이 유전자가 많이 발현되는 것을 알아냈지. 반면 봄과 여름에는 Ace1이 발현되지 않았지. 도대체 Ace1 유전자가 뭐기에 계절에 따라 나타났다 사라지는 걸까?

먼저 꿀벌에게 겨울철과 장마철은 어떤 시기인지 생각해 보자. 바깥 활동을 하기 힘든 계절이라는 공통점이 있어. 장마철에는 따뜻하지만 비가 오래 오니까 꿀벌이 자유롭게 돌아다니기 어렵고, 겨울철에는 추운 날씨 때문에 똘똘 뭉쳐 벌집 안에서만 지내느라 나가질않지. 이에 비해 봄과 여름, 가을에는 어때? 맞아, 매우 활발하게 바깥 활동을 한다는 차이가 있어.

그래서 꿀벌들이 밖에서 자유롭게 활동할 수 있을 때는 Ace1이 발현되지 않고, 못 돌아다닐 때는 Ace1이 발현된다는 가설을 세우고 다음 실험을 진행했어. 먼저, 겨울철 월동 중이었던 실험 꿀벌들의 DNA를 확인해 봤어. 예상대로 활동이 억제된 꿀벌 안에 Ace1가 발현하고 있었지. 그러고는 이 꿀벌들을 딸기 온실로 옮겨서 환경이 봄으로 바뀌었다고 착각하도록 해 봤어. 며칠이 지나자 꿀벌들이 조심스럽게 집 밖으로 나와 비행을 하기 시작했어. Ace1의 발현량은 어떻게 변했을까? 그래, 맞아. 너희가 예상한 것과 같이 Ace1의 발현량이 줄어들었어.

그다음에는 온실 안을 봄이라 여기며 평화롭게 지내던 꿀벌의

Ace1 유전자 발현량

겨울철 Ace1을 발현하던 꿀벌을 온실로 옮기자 Ace1 유전자 발현이 더 이상 관찰되지 않았어. 이후 벌통을 다시 눈 내리는 겨울철 환경으로 옮긴 후에는 Ace1 유전자 발현이 급격히 증가하는 것을 관찰했어.

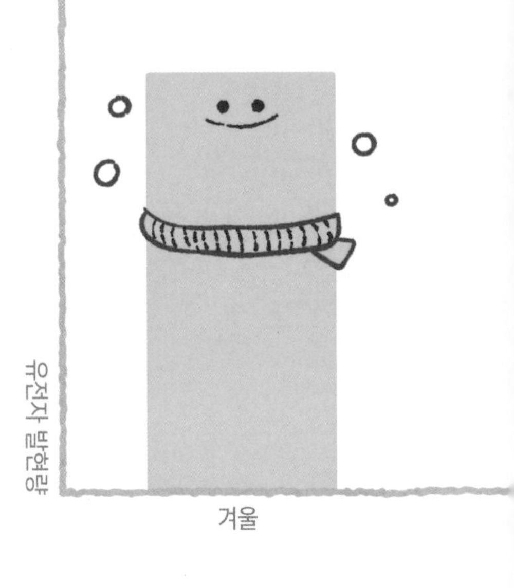

벌집을 다시 한겨울 환경으로 옮겨 보았어. 방금 전까지 봄인 줄 알았던 꿀벌들이 갑자기 눈이 내리는 겨울 날씨에 노출된 거지. 그랬더니 알과 애벌레 키우는 것을 포기하고 다시 똘똘 뭉쳐서 빠르게 겨울벌로 상태를 바꾸는 거야. 그 와중에 많은 벌들이 죽기도 했고, 어떤 벌통은 꿀벌이 전부 죽어 버리기도 했어. 벌들 입장에서는 이게 웬 날벼락이겠니?

혼란에 빠진 벌들의 DNA를 다시 조사하니 어땠을까? 온실에서 낮아졌던 Ace1가 다시 나타나고 있었지. 이 실험으로 Ace1 유전자는 꿀벌이 자유롭게 돌아다닐 때는 발현되지 않고, 바깥 활동을 할 수 없는 상황에서 많이 발현된다는 것을 알게 되었어.

잠깐! 여기서 한 번 더 생각해야 하는 게 있어. 꿀벌의 활동은 계절과도 매우 밀접하게 연관되어 있다는 거야. 자연 상태에서 꿀벌은 봄이 되면 밖으로 나와 왕성하게 활동하고, 겨울이 되면 벌집 안에서 똘똘 뭉쳐 지내잖아. 그렇다면 Ace1 유전자가 발현되는 것을 보고, 꿀벌들이 지금을 무슨 계절로 인식하는지를 가늠해 볼 수 있는 거지!

만약 Ace1 유전자가 발현되고 있다면, 꿀벌들은 지금을 활동하지 말아야 할 '겨울철'로 생각하고 있는 것이고, Ace1 유전자가 발현되지 않는다면 꿀벌들은 지금은 왕성하게 활동을 할 수 있는 '봄철'과 '여름철'로 생각하고 있는 거지. 어때, 꿀벌의 생각을 알 수 있다니 놀랍지 않니?

우리나라의 꿀벌 실종 사건은 겨울철에 일어났으니 만약에 겨울철에 조사한 꿀벌에게서 Ace1 유전자가 나타나지 않는다면, 꿀벌이 겨울을 제대로 인식하지 못한 상태라는 거야. 그럴 경우 꿀벌이 겨울로 인식할 수 있도록 환경을 만들어 주는 게 좋겠지.

겨울이 되면 양봉 농가에서는 꿀벌들이 겨울을 잘 나도록 많은 노력을 기울여. 겨울 햇살이 잘 비치는 곳으로 벌통을 옮겨 주기도 하고, 겨울 내내 먹을 양식이 부족할까 봐 설탕물을 채워 주기도 해. 그리고 때때로 한파를 견딜 수 있게 담요를 덮어 주거나 발열판으로 열을 쬐어 주기도 하지.

정성 가득한 노력이지만 겨울철인데 꿀벌의 Ace1 유전자가 나타나지 않는다면 꿀벌들이 계절을 헷갈리고 있다는 걸 눈치채야 해. 그럴 땐 오히려 발열판이나 담요도 제거하고, 그늘진 곳으로 벌통을 옮겨 주어서 꿀벌들이 겨울을 더욱 겨울답게 느낄 수 있도록 노력해야 할 거야.

꿀벌의 DNA를 이용해서 꿀벌이 계절을 어떻게 느끼고 있는지 확인하고 그에 맞는 환경을 제공해 준다면, 이후의 꿀벌 실종을 조금이나마 줄일 수 있지 않을까?

토종 말벌을 밀어내고 등장한 새로운 천적

꿀벌들을 괴롭혔던 꿀벌 응애 기억하지? 꿀벌들은 벌집 안에서는 꿀벌 응애의 공격으로 몸살을 앓지만, 벌집 밖에서는 꿀벌보다 몇 배나 덩치가 큰 무시무시한 말벌의 위험에 항상 노출되어 있어. 말벌이 꿀벌 집을 발견하면 먼저 한 마리를 사냥해 전리품으로 챙기고, 집에 가서 이 소식을 알려. 그러고는 다른 말벌들을 이끌고 본격적인 사냥을 나오지. 잔인하게 꿀벌의 머리를 베어 버리는 말벌의 집중 공격을 당하면 벌집이 초토화되는 건 순식간이란다.

그런데 이 무시무시한 포식자인 말벌들 역시 기후 변화로 인해 살아가기 힘든 처지에 놓였어. 우리나라에서 꿀벌을 주로 잡아먹는 말벌은 '장수말벌'이라는 놈인데, 최근 연구에서는 이 말벌의 수가 점점 줄고 있다고 해. 아마도 우리나라 기후에 맞게 오랜 시간 적응해 왔는데, 환경이 급격하게 변화하니 적응력이 떨어지는 것 같아.

꿀벌의 천적인 장수말벌 수를 줄여 준다니 좋은 소식 아니냐고? 그래, 잠시 함께 기뻐하자. 왜 잠시냐고? 이 기후 변화로 더 강력한 꿀벌 천적인 '등검은말벌'의 수는 오히려 늘어났거든.

등검은말벌은 또 누구냐고? 우리나라에 없었던 외래종으로 원래는 따뜻한 동남아시아 지역에 주로 살던 말벌이야. 2003년에 우연히 우리나라에 들어와서 부산에서 처음 발견되었어. 아마 예전이었다면 이 등검은말벌은 추운 겨울을 이겨 내지 못하고 죽었을 거야. 그런데 이제 우리나라도 겨울이 따뜻해지고 동남아시아와 비슷한 기후로 변해 가다 보니, 한국에도 적응하기 시작했지. 등검은말벌에 대한 20년 간의 연구를 보면 처음에는 우리나라 남부 지방에서 주로 발견되더니, 이제는 전역으로 퍼져서 토종벌인 장수말벌을 밀어내고 국내에서 가장 많이 서식하는 말벌로 자리 잡았구나.

장수말벌은 벌집 안으로 들어가서 맞서는 꿀벌들을 죽이고, 애벌레를 잡아가는 사냥 양식을 보여. 그래서 양봉가들은 벌집 입구를 작게 만들거나, 꿀벌은 지나다니지만 크기가 큰 장수말벌은 들어가지 못하는 그물을 쳐서 꿀벌을 어느 정도 지켜 왔어. 그런데 이 등검은말벌은 벌집 앞에서 날아다니는 꿀벌을 한 마리씩 사냥하기 때문에 꿀벌을 지킬 마땅한 방법이 없어 아주 골치라고 해.

특히 이 등검은말벌은 주로 여름에 사냥을 시작해서 가을철에 가장 많은 꿀벌을 잡아가는데 겨울철이 따뜻해지는 바람에 사냥할 수 있는 계절마저 길어졌지. 게다가 꿀벌들은 가을이 되면 겨울을 보낼 월동 준비를 시작해야 하는데, 갑자기 늘어난 등검은말벌이 가을에 꿀벌들을 마구 사냥해 가다 보니 겨울을 준비할 벌이 줄어들었어. 그래서 꿀벌들이 겨울을 이겨 내기 힘들었을 거라고 과학자들은 생각하고 있어.

꿀벌을 괴롭히는 질병의 위험이 커지다

겨울이 따뜻해지고 온화한 날씨가 길어지면 꿀벌들이 자유롭게 돌아다니는 시간도 늘어나지만, 꿀벌의 적인 꿀벌 응애나, 병균, 등검은말벌 역시 생존하기 좋다는 말이 되기도 해. 잠시 잊고 있었던 꿀벌 실종 사건의 용의자들이 다시 슬쩍 모습을 드러내는 느낌이 드는구나.

꿀벌 응애의 경우, 주로 아기방에서 새끼들의 피를 쪽쪽 빨아 먹었던 거 기억하지? 원래대로라면 겨울 동안은 여왕벌이 알을 낳지 않으니 꿀벌 응애도 번식할 만한 환경이 아닐 거야. 그런데 날이 따뜻해지니까 여왕벌이 가을 늦게까지 알을 낳고, 또 이른 봄부터 알을 낳고 키우니 1년 중에 꿀벌 응애가 생존할 수 있는 시간도 더 늘어났어. 꿀벌 응애가 더 잘 번식하니, 양봉 농가에서는 약을 더 많이 치게 되고, 그 다음에 어떤 일이 벌어질지 이제 너도 예상할 수 있지? 맞아, 꿀벌 응애는 DNA 돌연변이를 가진 슈퍼 울트라 응애로 돌변하고, 살충제 때문에 꿀벌은 엄청난 스트레스를 받게 되겠지.

안동대학교 연구팀에선 컴퓨터가 예측한 2100년의 기후 환경에서 꿀벌 응애가 얼마나 생길지 알아봤어. 연구 결과, 미래에도 겨울철과 여름철의 이상 기후 현상들은 계속될 것이고, 그로 인해 꿀벌 응애가 약 35퍼센트나 늘어날 거라고 예측되었지. 게다가 현재 수준으로 꿀벌 응애에 대비할 경우, 가을철 꿀벌 응애의 수는 현재보다 10배나 증가할 것으로 예측했어. 그 말은 지금까지 해 오던 방식으로는 꿀벌 응애로 인한 피해를 막을 수 없다는 뜻이야. 그래서 연구팀은 변하는 기후 조건을 고려해서 더 이른 봄철부터 더 늦은 가을철까지 꿀벌 응애의 방제 기간을 늘리거나, 더 효과 좋은 살충제를 사용하는 등 새로운 방법을 세울 필요가 있다고 제안했어.

꿀벌 응애가 더 오래 활발히 번식하면 꿀벌 응애가 퍼뜨리는 질병들도 덩달아 문제가 되겠지. 꿀벌이 밖에서 활동하는 기간이 늘어나면 벌통 사이에 질병이 퍼져 나갈 기회도 그만큼 더 늘어날 거야. 그렇게 되면 여러 벌통의 꿀벌들이 동시에 같은 질병으로 고통받을지도 몰라.

곤충들은 오랜 시간 같은 기후를 겪으며 적응력을 키워 왔어. 포식자나 질병에 노출된다 하더라도 해마다 겪어 왔기 때문에 어떻게 피하거나 이겨 내야 하는지 노하우가 쌓이는 거지. 그런데 기후 변화로 안정적인 생태 환경이 깨져 버렸어. 꿀벌들이 이제껏 접한 적 없는 곤충과 접촉하거나, 그 곤충이 퍼트리는 새로운 질병에 노출될 가능성이 높아진 거야.

안정적인 생태계에서는 여러 생명체들이 서로 방해받지 않도록 각기 다른 계절에 활동하고는 해. 그런데 기후 변화로 계절의 변화가 모호해지면서 곤충들이 깨어나고 활동하는 시기가 바뀌고 겹쳐 버렸어. 그 바람에 이 곤충에서 저 곤충으로 질병이 전파될 위험이 생겼어. 오랫동안 노출되었던 질병에는 면역이 생겨 잘 견뎌 왔지만, 새로운 질병에 대한 내성을 발달시킬 수 있는 기회가 없었던 거지. 그러니 기후 변화가 새로운 질병을 불러오고, 꿀벌 건강에 치명적인 영향을 줬다는 의견도 일리가 있어.

기후 변화로 바뀌어 버린 터전과 먹이

기후가 변하면 곤충들도 혼란을 겪지만, 식물 생태계도 변화를 겪어. 꽃에서 꿀과 꽃가루를 얻는 꿀벌에게는 식물의 변화가 생존의 문제로 다가오지. 그래서 캐나다에서는 꿀벌의 서식지가 변하는 것이 꿀벌 실종 사건의 가장 큰 원인이라고 판단했어. 이건 또 무슨 이야기냐고?

지구 온난화로 인해 남쪽에서 자라던 식물들의 서식지가 점점 북쪽으로 이동하고 있어. 사람이 키우는 꿀벌들은 양봉장 안에만 있으니 변하는 식물에 대한 적응력이 더 떨어질 수밖에 없고, 기후 변화에 더 취약한 처지이지.

너는 꿀을 좋아하니? 아주 꿀맛이라고? 하하하! 그래, 꿀은 꿀맛이지. 지금 집에 꿀이 있다면 한번 먹어 봐. 약간 향긋한 맛이 느껴지거나 조금 쌉싸래한 맛이 날 거야. 꿀벌이 어느 꽃에서 꿀을 따오느냐에 따라 꿀에서 나는 맛이 다르거든. 우리나라에서는 '아까시'라는 나무의 꽃에서 따 온 아까시꿀을 가장 많이 생산해. 흔히 '아카시아 꿀'이라고 하는 그 꿀이야. 그만큼 우리 주변에 아까시 나무가 많다는 얘기도 되겠지?

꽃이 금방 지니
서두르자!
아까시 꽃이
제일 달콤해!
북쪽으로
올라가야 해!
헥헥,
더워~.
예전엔 이렇게
덥지 않았구먼~.

그런데 이 아까시나무의 면적이 1980년대에는 32만 헥타르였는데, 2000년대에는 12만 헥타르로 줄어들었대. 단위를 잘 모르더라도 32만이 12만이 되었다니 절반도 넘게 줄어들었다는 걸 알 수 있어. 우리나라에서 이동 양봉을 하시는 분들은 아까시꽃이 피는 시기에 따라 남쪽에서 북쪽으로 벌을 데리고 이동하면서 꿀을 채취하는데, 기후 변화로 인해 우리나라에서 아까시꽃이 피는 기간도 30일에서 10~15일 수준으로 절반가량 짧아졌다고 해. 여러 가지로 문제다, 그렇지?

아까시나무뿐만 아니라 지구 온난화로 산불이 자주 일어나면서 꿀을 생산하는 우리나라 전체 나무의 면적도 1970~1980년대 48만 헥타르에서 2020년 15만 헥타르로 줄었다고 해. 기후 변화로 인해 이제는 꿀 생산도 어렵게 되었다는 말이 여기저기에서 쏟아져 나올 만하지. 양봉 농가 입장에서는 꿀을 많이 생산하지 못해서 돈을 많이 못 벌게 되는 것이 문제지만, 꿀벌의 입장에서는 생존 수단인 꿀과 꽃가루가 부족해진 상황에 직면한 거야. 부족하나마 야생에서 열심히 따 온 꿀도 양봉가가 가져가 버리고, 대신 설탕물로 주린 배를 채우지만 영양분을 골고루 섭취하기는 어렵지.

설탕물에는 말 그대로 설탕, 즉 당만 들어 있어. 반면 벌꿀에는 당뿐만 아니라 단백질, 섬유질, 칼슘, 철, 마그네슘, 인, 아연, 비타민 등 정말 다양한 영양분이 포함되어 있지. 단순하게 생각해도 설

당만 먹고 사는 꿀벌과 다양한 영양분이 포함된 꿀을 먹고 사는 꿀벌 중 누가 더 건강할지는 뻔하지.

서울대학교 연구팀은 설탕물과 같은 단조로운 식단은 꿀벌의 영양 불균형을 낳고, 이것이 질병이나 살충제 같은 다른 요인들과 함께 꿀벌에 영향을 주어서 꿀벌이 실종됐을 수 있다고 했어. 프랑스에서는 영양이 불균형한 꿀벌은 면역에 관여하는 유전자가 적게 발현되어서 질병에 약해진다는 보고를 냈지. 또 미국의 연구팀은 영양이 풍부하지 못한 먹이를 섭취한 꿀벌이 살충제를 더 견디지 못한다는 연구 결과를 발표했어. 이러한 연구 결과는 꿀벌들의 영양 불균형이 우리가 알아본 꿀벌 실종 사건 용의자들의 괴롭힘을 더 키워 준다는 걸 보여 줘.

어때? 말로만 듣던 기후 변화의 영향이 조금 실감 나지? 기후 변화를 불러온 원인은 매우 다양하겠지만, 더 빠르게 더 편리하게 살기 위한 인간들의 노력이 큰 원인을 제공한 건 사실이야. 자동차에서 나오는 매연이나 공장 굴뚝에서 배출되는 온실가스가 지금도 지구를 더 뜨겁게 만들고 있지. 이런 오염 물질들은 기후에도 영향을 미치지만, 그 자체가 꿀벌에게 악영향을 주기도 해.

박사님의 연구팀은 큰 산업 단지와 고속도로가 있는 도시에 사는 꿀벌과, 농업 지역이나 산속에 사는 꿀벌들이 중금속에 얼마나 노출되어 있는지 조사해 보았어. 예상한 대로 농촌이나 산속보다 도시의 꿀과 꿀벌 속에서 더 많은 중금속이 나왔지. 스트레스를 해소하고 독성 물질을 해독하는 데 필요한 유전자는 어느 꿀벌에게 더 많이 나타날 것 같니? 맞아, 도시 꿀벌에게서 더 높게 나타났어.

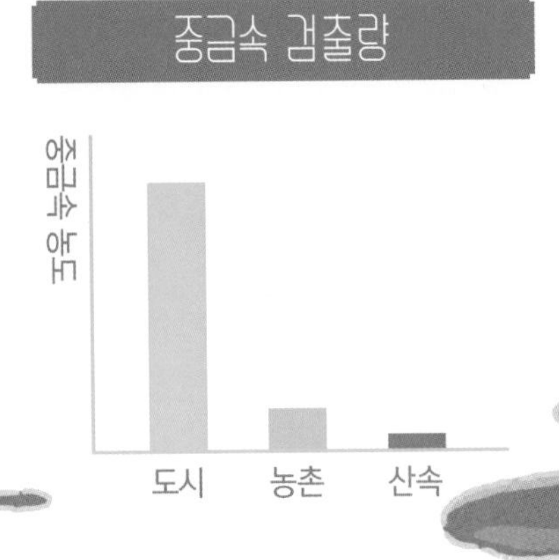

도시, 농촌, 산속의 꿀과 꿀벌에서 나온 중금속 양을 비교해 보면 도시에서 더 많은 중금속이 검출되고 있어.

산업 단지의 굴뚝과 고속도로를 달리는 자동차에서 나오는 중금속이 꽃을 오염시키지. 그 꽃에서 꿀을 가지고 온 꿀벌들은 오염된 꿀을 먹고 스트레스를 받는다는 걸 유추할 수 있어. 그리고 그 중금속을 해독하기 위한 유전자를 발현해 가며 많은 에너지를 쓰고 있지.

우리 꿀벌들이 참 살아가기 힘든 환경이다. 그렇지? 사실 꿀벌이 살아가기 힘든 환경이면 우리 사람들도 살아가기 힘든 환경이라는 걸 잊어선 안 돼. 꿀벌을 위해서도 인간을 위해서도 지구를 지키기 위한 실질적인 노력이 정말 필요한 때라는 생각이 드는구나.

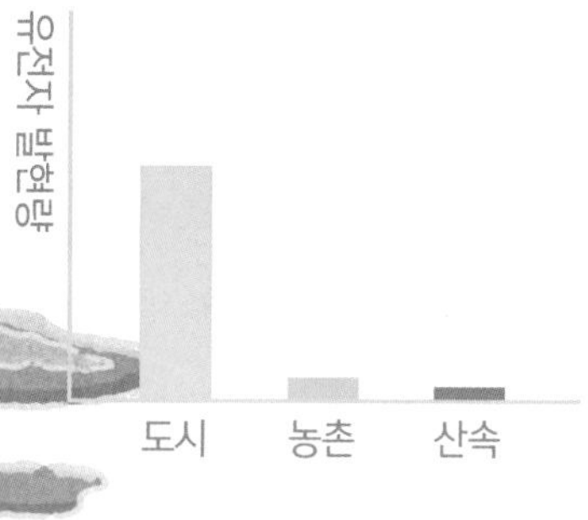

독성 물질 해독 유전자 발현량을 비교해 보면 도시 꿀벌이 이 유전자를 더 많이 발현하고 있어.

PHOTOS
FILES
GO!
의 심
의 심
의 심
의 심
의 심
의 심

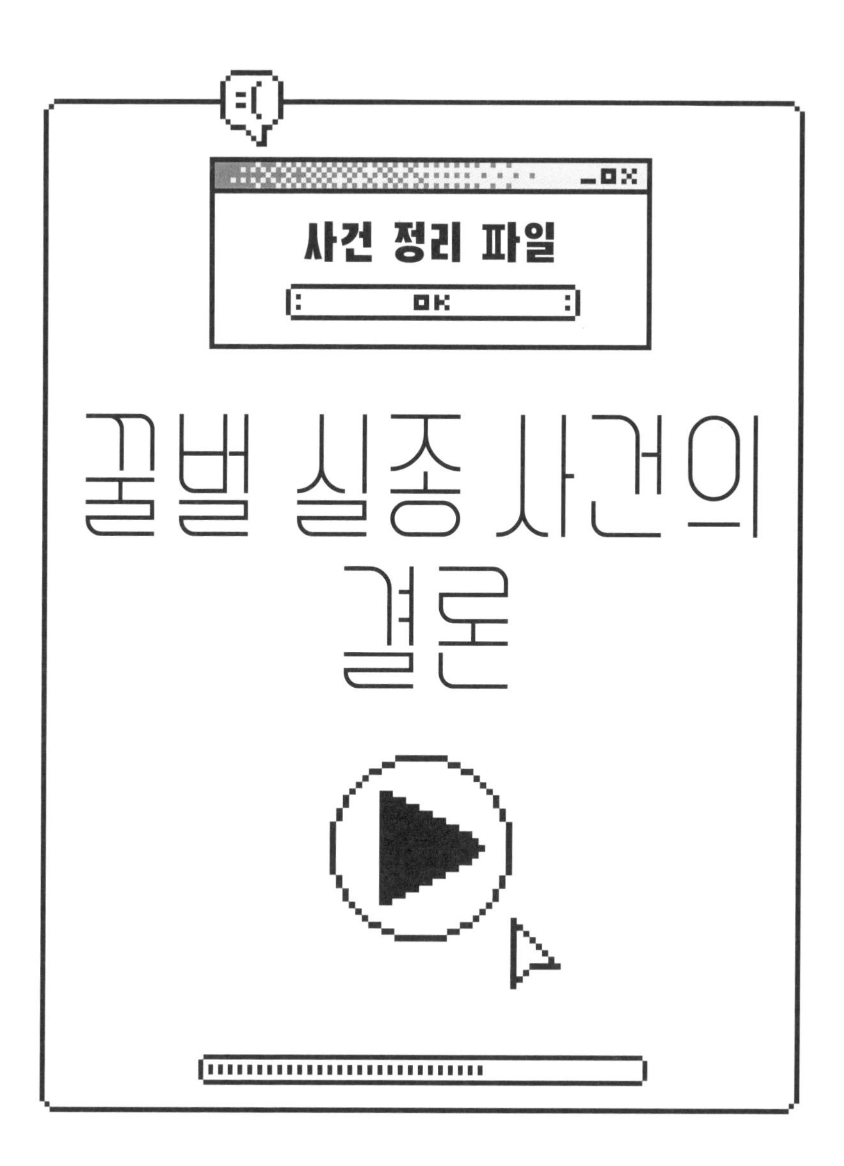
사건 정리 파일
OK
꿀벌 실종 사건의
결론

꿀벌 실종 사건의 진짜 범인은 누구일까?

지금까지 우리는 전라남도 땅끝에서 벌을 키우던 만식 할아버지의 이야기부터 시작해 꿀벌들이 단체로 사라진 현상을 과학적으로 추적해 보았어. 이 미스터리 사건은 만식 할아버지 양봉장만이 아니라 전국 곳곳에서 나타나고 있었고, 나아가 전 세계적인 사건이라는 것을 알게 되었지. 과연 누구에 의해, 어떤 이유로 꿀벌들이 실종된 것인지 전 세계 과학자들의 연구를 꼼꼼히 살펴보았고 말이야. 여기까지 정말 잘 따라왔어.

우리는 특별히 DNA 수사를 통해 꿀벌 실종 사건의 유력한 용의자들을 찾아내었지. 꿀벌을 괴롭히는 '질병', 꿀벌의 피를 쪽쪽 빨아 먹고 질병을 옮기는 '꿀벌 응애', 해충으로부터 농작물을 보호하기 위해 뿌린 '살충제', 그리고 지구를 더욱 뜨겁게 만드는 들쑥날쑥한 '기후 변화'. 우리는 이 모든 것들이 꿀벌 실종 사건의 범인이라는 DNA 증거도 확보했어. 그렇다면 너는 누가 진짜 범인이라고 생각하니? '딱 봐도 꿀벌 응애가 범인이네.'라고 말할 수도 있고, '기후 변화!'라고 외칠 수도 있겠지. 그리고 '살충제가 꿀벌을

죽인 범인입니다!'라고 주장할 수도 있어. 모두 맞아. 네가 과학적인 근거를 가지고 주장한다면 질병, 꿀벌 응애, 살충제, 기후 변화 등 그 어떤 것이 문제라고 해도 다 맞아. 하지만 아쉽게도 이 용의자들 중에 하나만을 콕 집어서 범인이라고 말할 수는 없단다.

질병이 꿀벌을 죽게 만든 원인인 것으로 실험 결과를 얻었다고 해서 질병이 꿀벌 실종 사건의 유일한 용의자라고 말할 수 없어. 왜냐하면 다른 연구 결과에서는 꿀벌 응애가 원인이라고 말하고 있으니 말이야. 그렇다고 꿀벌 응애만이 유일한 용의자라고도 말할 수 없는 거야. 복잡하지? 그래서 과학자들은 이번 꿀벌 실종 사건의 원인을 단순히 "○○ 때문입니다."라고 말하지 않아. 너도 보았다시피 질병도, 꿀벌 응애도, 살충제도, 그리고 기후 변화도 모두 꿀벌이 사라지는 데 영향을 주었기 때문이지. 연구를 거듭하면서 더 많은 용의자가 추가될 수도 있어.

그래서 박사님은 이 사건이 단 하나의 용의자에 의한 사건이라기보다는 여러 용의자가 함께 힘을 합쳐서 일으킨 집단 범죄라고 결론을 내렸어. 기후 변화로 꽃이 피는 면적이 줄어들다 보니, 적은 양의 꽃에 많은 벌들이 모일 수밖에 없겠지. 그러면 꿀벌 응애나 질병이 더 쉽게 퍼지고, 먹이가 부족해서 영양분을 충분히 섭취하지 못한 꿀벌들은 질병에 더 약해지는 악순환이 반복되는 거야. 뿐만 아니라 농작물을 더 광범위하게 심게 되니 살충제를 더 많이 사용하고, 약해진 꿀벌들이 살충제에도 힘을 못 써서 더 큰 피해가 발생하게 되었다고 봐. 모든 용의자들이 각자 최선을 다해 합동으로 꿀벌을 괴롭혀 온 셈이지.

어때? 꿀벌 실종 사건의 진실을 쫓는 동안 과학자처럼 생각하게 된 것 같니? 범인을 거의 다 찾은 듯하다가 또 다른 범인이 더 유력해 보이기도 하고 혼란스럽지는 않았어? 끝날 듯 끝나지 않는 다양한 원인들 때문에 범인 찾기를 포기하고 싶은 마음이 들었을 수도 있을 거야. 우리는 복잡한 문제를 단순하게 만들고 싶어 해. 정답을 빨리 찾고 싶어 하지. 그리고 맞는 것과 틀린 것으로 나누고 싶어 해. 어쩌면 명확한 정답을 찾기 위해 과학자가 되고 싶다고 생각했을지도 모르겠구나.

그런데 과학자는 하나의 정해진 답을 찾아내는 사람들이 아니라 이미 밝혀진 과학적 근거 안에서 일어날 수 있는 모든 가능성을 열어 두고 창의적으로 새로운 답을 찾는 사람들이야. 한 과학자가 얻은 결과로 그 현상의 모든 것을 말할 수 없기도 하지. 그저 자신이 밝혀낼 수 있는 데까지 열심히 연구하면 그것이 또 다른 과학자

의 연구와 연결되어 더 넓은 해석이 가능해진단다.

이번 꿀벌 실종 사건이 하나의 범인에 의한 게 아니라 여러 문제가 복합적으로 작용한 거라는 생각에 너도 동의하니? 그렇기 때문에 질병을 연구하는 과학자는 질병이 꿀벌 실종에 미치는 영향을 집중적으로 연구해야 하고, 살충제를 연구하는 과학자는 살충제가 꿀벌 실종 사건에 미치는 영향을 연구해야 하며, 기상학자는 기상 조건이 꿀벌 실종에 미치는 영향을 분석해야 해. 여러 분야의 과학자들이 연구 결과를 공유하고, 서로 다른 관점에서 분석하고, 함께 의견을 나누면서 이 문제를 해결하기 위한 서로의 지혜를 모아야 한단다.

꿀벌 실종 사건은 종결된 사건이 아니야. 작년에도 일어났고, 올해도 일어났으며, 내년, 내후년에도 일어날 가능성이 높은 문제야. 그래서 앞으로도 꿀벌을 연구하는 과학자들은 할 일이 많아. 이번 사건의 진실을 밝히기 위해 함께 고민하고 공부한 네가 미래에 꿀벌 과학자, 곤충 DNA 연구자가 되어서 앞으로 박사님과 함께, 또 전 세계 연구자들과 함께 꿀벌을 지키는 일에 힘을 보태 주길 바라.

꿀벌 실종 사건
더 열심히
연구해야겠어.

앞으로도
날 기억해 줘!

작가의 말

'아빠, 꿀벌들이 흔적도 없이 사라졌대요!'
어느 날 뉴스를 보던 아들이 심각한 표정으로 말했다. 그날 나는 우리나라 전국에서 꿀벌이 사라진 일 때문에 정부에서 마련한 양봉 전문가 대책 회의를 다녀온 참이었다.

"꿀벌이 왜 사라졌어요?", "아빠 실험실 꿀벌들은 괜찮아요?", "계속 이러면 지구는 어떻게 되는 거예요?" 호기심 어린 아들의 질문에 하나하나 답을 해 주며 대화가 시작됐다. 어느덧 아들이 사회 문제에도 관심을 가질 정도로 자라났구나 싶었다.

나는 오늘 회의에 다녀온 이야기, 동료 과학자들의 연구 이야기, 실험을 위해 직접 키우고 있는 꿀벌 이야기를 차례로 들려주었다. 그리고 이 사건과 관련해 내가 연구하고 있는 꿀벌의 DNA 이야기도 말이다. 이해하기 어려울까 봐 최대한 쉬운 예를 들어 설명해 나가는 내 모습을 흐뭇하게 바라보던 아내가 한 가지 제안을 했다.

"과학자 아빠가 초등학생 아들에게 이야기해 주듯 쉽고 친절한 과학책을 써 보면 어때요?" 아들이 과학을 이해할 나이가 되면 아이의 눈높이에 맞춘 책을 써 보자던 아내와 나의 바람에 적절한 때가 찾아왔다는 생각이 들었다.

마침 안식년으로 뉴질랜드에 1년간 머무르게 된 나는 뉴질랜드의 아름다운 바다와 산을 바라보며, 남극에서 불어오는 신선한 공기를 마시며,

집필을 시작했다. 글을 쓰는 내내 이제까지 내가 연구해 온 것들을 내 아들과 어린이들에게 알려줄 기회를 얻은 것이 무척 소중하고 뿌듯하게 느껴졌다. 어린이가 이해하기에는 연구 분야가 어려울 수도 있기에 표현과 예시 하나하나에 아들과 아들의 친구들을 떠올리며 이 책을 읽을 어린이들에 대한 마음을 담으려고 애썼다.

한 문장, 한 단락을 써 내려갈 때마다 이해하기 어렵지는 않은지 어린이 대표로 아들이 직접 검수해 주었고, 연구 논문 수준의 초안을 받아 거의 번역에 가깝게 새로운 언어로 다듬어 준 아내의 도움으로 이 책이 완성되었다. 지면을 빌려서 나의 아들 의인이와 사랑하는 아내 수미에게 무한한 감사의 뜻을 전한다.

위즈덤하우스에서 나의 글을 맞아 주신 덕분에 이 책이 출판될 수 있었다. 어린이 독자들의 이해를 돕기 위한 구성부터 단어 선택까지 세세하게 살펴 준 연혜진 편집자님, 근사한 디자인으로 책의 완성도를 높여 주신 이수현 디자이너님, 그리고 멋진 그림을 그려 주신 이수현 작가님께 더없는 감사의 말씀을 전하고 싶다.

이 책은 어린이를 위한 과학책이어서 어린이의 언어로 쓰여 있지만, 담고 있는 내용은 실제로 대학과 연구소에서 진행되고 있는 최신 연구 결과들이다. 그래서 어린이뿐 아니라 학부모와 교사들도 함께 읽어 보며 과학으로 소통하는 데 기여하기를 희망한다.

2024년, 김영호

꿀벌이 멸종할까 봐

DNA로 파헤친 꿀벌 실종 사건의 진실

초판 1쇄 인쇄 2024년 11월 12일
초판 1쇄 발행 2024년 11월 27일

글쓴이 김영호
그린이 이수현
펴낸이 최순영

교양 학습 팀장 김솔미
편집 연혜진
디자인 이수현

펴낸곳 ㈜위즈덤하우스 **출판등록** 2000년 5월 23일 제13-1071호
주소 서울특별시 마포구 양화로 19 합정오피스빌딩 17층
전화 02) 2179-5600 **홈페이지** www.wisdomhouse.co.kr
전자우편 kids@wisdomhouse.co.kr

ISBN 979-11-7171-303-5 74470

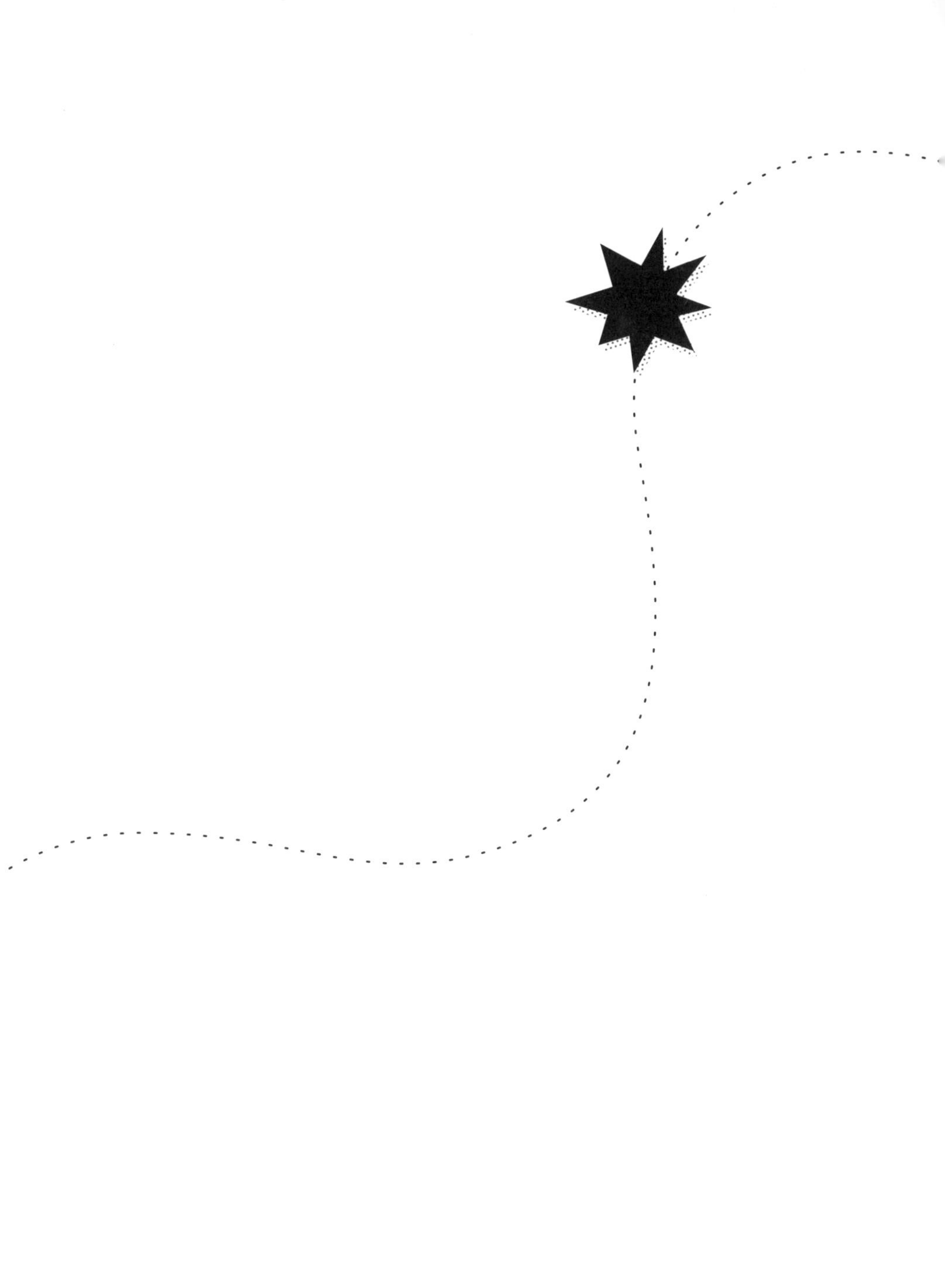

또 만나!